油气管道水工保护工程典型图集

吴张中　李亮亮　白路遥 等　编著

中国质量标准出版传媒有限公司
中国标准出版社
北　京

图书在版编目（CIP）数据

油气管道水工保护工程典型图集 / 吴张中等编著 .
—北京：中国质量标准出版传媒有限公司，2021.8
ISBN 978-7-5026-4786-5

Ⅰ . ①油⋯　Ⅱ . ①吴⋯　Ⅲ . ①石油管道—保护—
图集 ②天然气管道—保护—图集　Ⅳ . ① TE973–64

中国版本图书馆 CIP 数据核字（2020）第 122228 号

中国质量标准出版传媒有限公司
中 国 标 准 出 版 社 出版发行
北京市朝阳区和平里西街甲 2 号（100029）
北京市西城区三里河北街 16 号（100045）
网址：www.spc.net.cn
总编室：（010）68533533　发行中心：（010）51780238
读者服务部：（010）68523946
中国标准出版社秦皇岛印刷厂印刷
各地新华书店经销
*
开本 787×1092　1/16　印张 10.5　字数 262 千字
2021 年 8 月第一版　　2021 年 8 月第一次印刷
*
定价：68.00 元

前　言

截至 2020 年年底，我国油气管道总里程约 14.4 万公里，已形成"三纵四横、连通海外、覆盖全国"的管网新格局，是国家"一带一路"倡议中最大的线性能源工程，根据国家《中长期油气管网规划》，到 2025 年，全国油气管网规模将达到 24 万公里。

我国地质构造复杂，地形地貌多样，地质灾害发育频次和强度高。随着管道事业的蓬勃发展，通过特殊及组合地形地貌、复杂地质条件地区的管道越来越多，同时在日益严格的环保政策、城镇国土规划限制下会有更多的管道进入山区，这无疑会给管道地质灾害的防控带来严峻挑战。水毁灾害作为油气管道行业最常见的地质灾害类型（约占地质灾害发育总数的 70%），因其多发性和突发性，易对管道安全构成严重威胁。水工保护工程作为应对水毁灾害的第一道防线，对管道安全防护至关重要。

国家石油天然气管网集团有限公司在油气管道水毁灾害防治方面积累了丰富的管理和实践经验，本图集吸收借鉴了其在水毁灾害防治实践中成熟应用并取得良好效果的水工保护工程设计方案，并以我国现行国家、行业标准为参考，综合汇编而成，以期为广大水工保护工程设计人员带来便利，并推进油气管道行业地质灾害防治水平稳步提升。

本图集由两部分构成，第一部分为文字说明，给出了水工保护工程对材料、基础、地区和措施的一般性要求，并分别针对支挡防护、河沟道冲刷防护、坡面侵蚀防护、黄土塌陷冲蚀与微地貌防护以及管体主动保护等防护类型，给出了 50 种常见水工保护工程措施的适用条件和具体技术要求。第二部分为图例，给出了前述 50 种水工保护工程的典型设计图、结构简图或示意图。

本图集用户为开展油气管道水工保护工程设计的技术人员以及负责管道运营的工程管理人员。用户应在遵循我国现行国家及行业相关标准、规范的前提下使用本图集，并满足当地政府关于安全、环保等方面的要求。

水工保护工程措施多样，应用效果具有显著的地区性差异，同时由于水工保护工程设计的复杂性，加之作者水平有限，图集中仍难免有不妥之处，恳请广大读者提出宝贵意见和建议。

在本图集编写过程中，得到了许多领导、专家以及长期从事油气管道行业地质灾害勘察设计单位的大力支持，在此表示衷心感谢！

本图集其他主要完成人：荆宏远、张栋、施宁、蔡永军、马云宾、郝建斌、余东亮、卢启春、汪鹏飞、龙小东、费雪松、王林、张耀坦、温玉芬、陈久龙、李洪涛、李一钊。

编著者

2021 年 7 月

目　录

说　明

1 范围

本图集给出了各类油气管道线路和站场水工保护工程构筑物的设计及选用材料等，提供了水工保护构筑物的典型设计图、结构简图或示意图。主要工程措施包括：支挡防护、河沟道冲刷防护、坡面侵蚀防护、黄土塌陷冲蚀与微地貌防护、管体主动保护。涉及的工程结构类型包括：砌体结构、混凝土结构、柔性结构、植草结构和物理化学改良结构。

本图集适用于油气长输管道线路和站场水工保护工程建设期和运营期的选型和设计。

本图集适用于抗震设防烈度不大于 8 度的一般山区、黄土区、戈壁荒漠等。

2 编制依据

GB/T 38509   滑坡防治设计规范

GB 50003   砌体结构设计规范

GB 50007   建筑地基基础设计规范

GB 50009   建筑结构荷载规范

GB 50010   混凝土结构设计标准

GB 50011   建筑抗震设计规范

GB 50330   建筑边坡工程技术规范

GB 50025   湿陷性黄土地区建筑规范

GB 50203   砌体结构工程施工质量验收规范

GB 50253   输油管道工程设计规范

GB 50251   输气管道工程设计规范

GB 50423   油气输送管道穿越工程设计规范

CDP-M-OGP-PL-009-2010-1 油气管道水工保护典型图集

DZ/T 0219   滑坡防治工程设计与施工技术规范

GJBT-750   国家建筑标准设计图集 04J008 挡土墙

GJBT-1014   国家建筑标准设计图集 07MR403 城市道路护坡

SL 203   水工建筑物抗震设计规范

SL/T 191   水工混凝土结构设计规范

SY/T 4126   油气输送管道线路工程水工保护施工规范

SY/T 6793   油气输送管道线路工程水工保护设计规范

SY/T 6828   油气管道地质灾害风险管理技术规范

SY/T 7040   油气输送管道工程地质灾害防治设计规范

TB 10025   铁路路基支挡结构设计规范

《长输管道水工保护工程施工技术手册》中国计量出版社，2005

《黄土高原地区长输管道水工保护》石油工业出版社，2009

3 一般规定

3.1 材料要求

水工保护工程所用的主要原材料应有产品合格证书、性能检验报告和进场复验报告，其指标应符合要求。使用前，应报监理工程师检验签认，方可使用，严禁不合格品用于工程。

3.1.1 石材

块石：质地坚实，无风化剥落和裂纹，表面无泥垢、水锈等杂物。外形大致方正，厚度 20～30 cm，宽度约为厚度的 1.0～1.5 倍，长度约为厚度的 1.5～3.0 倍，强度不应小于 MU30。

片石：具有两个大致平行的面，厚度不宜小于 15 cm，长度及宽度不宜小于厚度的 1.5 倍，最大边长不宜大于 100 cm。

毛石：无一定规格形状，中部厚度不宜小于 20 cm，最大边长不宜大于 100 cm。

卵石：最大直径不宜小于 20 cm，使用前需清理表面杂质。

3.1.2 混凝土

混凝土的选用应满足强度要求，并应根据构筑物的工作条件、地区气候等具体情况，分别满足抗冻、抗侵蚀等耐久性的要求。

3.1.3 砂

含泥量小于 5%，泥块含量小于 2%；不应混有草根、树叶、树枝、塑料、煤块和炉渣等杂物，硫化物和硫酸盐含量小于 0.5%；粒径的要求为：粗砂平均粒径应在 0.5 mm 以上；中砂平均粒径在 0.35～0.5 mm；细砂平均粒径在 0.35 mm 以下。

3.1.4 灰土

灰与土的体积比一般宜为 2∶8 或 3∶7。灰土施工时，宜在控制好最优含水率的情况下进行分层夯实，每层厚度宜为 200～300 mm，灰土压实系数不应小于 0.93。

石灰应采用块灰或生石灰粉，使用前应充分熟化过筛，不应含有颗粒大于 5 mm 的生石灰块，也不应含有过多的水分。

土料宜采用黏性土或塑性指数大于 4 的土体，不应含有有机杂物，使用前应过筛，粒径不应大于 15 mm。

灰土不应用于耕地、林地、草地的地层表面。

3.1.5 水泥土

水泥土的拌制宜采用强度等级 42.5 以上的普通硅酸盐泥，有抗侵蚀性要求时，宜采用抗硫酸盐水泥。水泥的质量应符合我国现行国家标准，水泥掺入比宜取 10%～25%。

土样宜采用黏土、粉土或砂土，不应含有有机杂物，使用前应过筛，粒径不应大于 15 mm。

水泥土不应用于耕地、林地、草地的地层表面。

3.2 基础要求

构筑物基底应置于密实稳定的土层或基岩上，严禁置于未经处理的回填土或新冲淤土层上。

3.3 地区要求

3.3.1 山地地区

管线经过山区滑坡、崩塌、泥石流等地质灾害地段时，应查明各类地质灾害的成因类型、规模、水文地质、工程地质及地形地貌条件，依据地质灾害现状、发展趋势及对管道的危害程度的分析评价结果，采取水工保护措施。

水工保护工程宜选用混凝土、浆砌体及石笼结构。

管道穿越泥石流沟堆积区，当管顶埋深超过 1.0 m 并位于稳定层内时，可不采取防护措施。管道通过泥石流通过区时，应设置防冲墙等护底措施。山区河谷地段，不宜设置挑水导流构筑物。

管道建设期横坡敷设时，对于由施工扫线、管沟开挖所诱发的浅表层滑坡、小型岩崩等地质灾害，造成管沟不能正常开挖时，应采取沟壁侧挡墙、砌石护面等水工保护措施以使管道以浅挖深埋的方式通过。

3.3.2 平原地区

管道穿越平原地区河、沟道时，应选取相应的护岸、护底水工保护措施。在河、沟床植被生长稀疏的条件下，穿越段宜采取过水面护底的防护形式。对于河、沟床内植被茂盛的地段，可不采取防止河、沟床下切冲刷的护底措施。

3.3.3 戈壁地区

管道穿越戈壁地段沟道时，应根据管道敷设条件，选取相应的护岸、护底水工保护措施。石料缺乏地区，可采用石笼内装卵石的结构形式。沟床护底宜采取过水面护底的防护措施。

3.3.4 黄土地区

黄土地区水工保护设计，应查明黄土分布范围、厚度及其变化规律；沿线黄土的成因类型和地层特征；管线所处的地貌单元及地表水、地下水等情况，各种不同黄土层的物理、力学性质、湿陷性类型和等级。

应对管道中线两侧各 5 m 范围内的黄土陷穴、洼地、漏斗、水涮窝、发育的切沟及发育的冲沟沟头等微地貌，进行水工保护措施治理。管道中线两侧各 5～20 m 范围的黄土微地貌，宜采取治理措施。

黄土陷穴、洼地、漏斗、水涮窝的处理措施，应根据其深度及大小确定，底部可采用灰土分层夯填，夯实系数不应小于0.9，自地表及地表以下 1 m 深度范围内应进行素土夯实回填处理，夯实系数不应小于 0.85。

黄土地区水工保护设计应注意排水措施的应用，应采取拦截、分散的处理原则，设置防冲刷、防渗漏和有利于水土保持的综合排水设施及防护工程，并妥善处理农田水利设施与管道水工保护工程的相互干扰。

黄土冲沟穿越的水工保护方案除按本图集 3.4.2 的规定执行外，还应符合下列要求：

（1）管道穿越冲刷下切较剧烈的"V"字形冲沟，应设置防冲墙护底。沟床比降较大时，可采用多级防冲墙护底。

（2）管道穿越宽浅型的"U"字形冲沟，当沟床植被覆盖状况良好时，可不采取护底措施。当植被状况较差时，可采取过水面护底。

（3）管道穿越湿陷性黄土冲沟，应依据地形、地貌及汇水量，选取地表排水措施。

3.3.5 水网地区

管道穿越池塘、水库库区、水网、沼泽、水源地等静水水域时，当不满足 GB 50423 关于水下管段稳定性的要求时，应采取稳管措施。

管道穿越水源保护区和水体时，水工保护方案所采用的材料不应对水域造成污染。

管道穿越池塘、水网、沼泽等地基承载力较低的水域时，稳管措施可结合管沟细土回填一并考虑，稳管结构宜采用袋装土或混凝土配重块连续稳管方式。

3.3.6 风沙地区

风沙地区管道保护设计应当依据当地气象、地形、地貌、地质、建筑材料和生态环境等方面的资料，确定风沙治理措施。同时应根据不同区域沙漠类型及风蚀地貌类型进行防护设计。可选取砾（碎）石覆盖、沙障、植物措施、草方格或化学固化等风沙治理措施。

管道施工及防风固沙措施的修筑不应随意破坏当地脆弱的生态，取、弃土不应随意堆放，在防治沙害的同时，应注重环境保护，保护管道两侧地表原有植物和地表硬壳。

3.4 措施要求

3.4.1 支挡防护

3.4.1.1 措施类型

本图集中的支挡防护分为重力式挡土墙和薄壁式挡土墙两类，薄壁式挡土墙进一步划分为悬臂式挡土墙和扶壁式挡土墙。锚杆挡土墙、锚定板挡土墙、加筋土挡土墙和桩板式挡土墙按照 SY/T 6793 执行。

挡土墙类型应根据使用要求，综合考虑工程地质、水文地质、冲刷深度、荷载作用情况、环境条件、施工条件、工程造价等因素。各类挡土墙使用条件宜符合表 3-1 的规定。

表 3-1　各类挡土墙适用条件

挡土墙类型	适用条件
重力式挡土墙	适用于一般地区、浸水地区和地震地区的各类支挡工程；浆砌石（混凝土砌块）挡土墙用于岩质地基时高度不宜超过 10 m，用于土质地基时墙高不宜大于 8 m；干砌石挡土墙的高度不宜超过 6 m；草袋土挡土墙的高度不宜超过 5 m；重要地段的水工保护工程不应采用干砌石和草袋土挡土墙
悬臂式挡土墙	宜在石料缺乏、地基承载力较低的填方地段使用，墙高不宜大于 5 m
扶壁式挡土墙	宜在石料缺乏、地基承载力较低的填方地段使用，墙高不宜大于 15 m
锚杆挡土墙	宜用于墙高较大的岩质地段，可采用肋柱式或板壁式单级墙或多级墙，每级墙高不宜大于 8 m，总高度不宜大于 18 m，多级墙的上、下级墙之间应设置宽度不小于 2 m 的平台

表 3-1（续）

挡土墙类型	适用条件
锚定板挡土墙	适用于石料匮乏地区，不适用于滑坡、坍塌、软土及膨胀土地区；可采用肋柱式或板壁式，墙高不宜超过 10 m；肋柱式锚定板挡土墙可采用单级墙或双级墙，每级墙高不宜大于 6 m，总高度不宜大于 10 m，上、下级墙之间应设置宽度不小于 2 m 的平台
加筋土挡土墙	用于一般地区的填方地段，但不应修建在滑坡、水流冲刷、崩塌等不良地质地段；采用单级墙时，墙高不宜大于 12 m；当采用多级墙时，每级墙高不宜大于 10 m，上、下级墙之间应设置宽度不小于 2 m 的平台
桩板式挡土墙	用于表土及强风化层较薄的均质岩石地基，挡土墙高度可较大，也可用于地震区或滑坡等特殊地段的治理

本图集中的重力式挡土墙墙体材料为浆砌块（片）石，其他墙体材料可参照执行。本图集中的薄壁式挡土墙墙体材料为现浇钢筋混凝土，采用拼装方式修建的薄壁式挡土墙可参照执行，但不宜在地质不良地段和地震烈度大于或等于 8 度的地区使用。

3.4.1.2 通用技术要点

本图集中的重力式和薄壁式挡土墙的修建材料要求，应符合表 3-2 的规定。

表 3-2 重力式和薄壁式挡土墙材料要求

挡土墙类型		材料要求
重力式挡土墙	墙高≤8 m	M7.5 级水泥砂浆砌筑墙身和基础，严寒及寒冷地区或重要挡土墙用 M10 水泥砂浆砌筑
	墙高>8 m	M10 级水泥砂浆砌筑墙身和基础，严寒及寒冷地区或重要挡土墙用 C15 级毛石混凝土
薄壁式挡土墙（悬臂式和扶壁式）		C25 级混凝土灌注，严寒及寒冷地区或重要挡土墙用 C30 级混凝土；所有受力钢筋用 HRB335，非受力钢筋用 HPB235

挡土墙的设计应依据必要的岩土物理力学参数计算确定。

挡土墙两端应嵌入原地层深度不小于 0.5 m，用于冲刷防护时应不小于 1 m。

具有整体式墙面的挡土墙，应根据挡土墙墙背渗水量合理布置排水构造物。当有地下水出露时，应采取措施将水引排。浸水挡土墙的泄水孔应设于常水位 0.3 m 以上，泄水孔应具有向墙外倾斜的坡度，泄水孔底部应设置隔水层。沿墙长每隔 10～20 m 应设置伸缩缝和沉降缝，宽度宜为 2～3 cm，缝中应填塞沥青麻筋或其他有弹性的防水材料，填塞深度不应小于 20 cm。

挡土墙墙背填料宜采用渗水性强的砂性土、砂砾、砾（碎）石、粉煤灰等材料，严禁采用淤泥、腐殖土、膨胀土，不宜采用黏土作为填料。在季节性冻土地区，不应采用冻胀性材料做填料。

对挡土墙结构基底下持力层范围内的软弱层，应验算其整体稳定性。整体稳定系数，重力式挡土墙不应小于1.15，其他挡土墙不应小于1.25。

3.4.2 河沟道冲刷防护

3.4.2.1 措施类型

河沟道水毁主要表现形式为河床下切、堤岸冲刷、堤岸坍塌、堤岸侵蚀，可选用表3-3所示的防护措施或组合防护措施。

3.4.2.2 通用技术要点

管道以明挖方式穿越水域、冲沟时，应根据水域、冲沟的河流特征、水流性质、地形、地质等因素，结合管道敷设条件，选用适宜的护岸、护底、护脚、稳管和地表排水等防护措施。

管道以隧道、斜井、定向钻等非明挖方式通过水域、冲沟

时，对于未扰动的岸坡和河沟床可不设防护措施。

表3-3 河沟道冲刷防护措施分类

措施类型	措施名称	说明章节	图例中图号	图例中表号
护岸措施	浆砌石坡式护岸	5.1	图7	表4
	干砌石坡式护岸	5.2	图8	—
	挡墙式护岸	5.3	图9、图10	表5、表6
	石笼护岸	5.4	图11、图12	表7
	石笼挑流坝	5.5	图13、图14	—
护底措施	地下防冲墙	5.6	图15～图17	表8、表9
	石谷坊/淤土坝	5.7	图18、图19	—
	过水面	5.8	图20～图23	表10～表13
	护坦	5.9	图24～图27	表14
	水渠	5.10	图28～图31	表15～表21

新建管道与在役长输油气管道并行穿越平原及戈壁地区沟道时，当新建管道位于在役管道水流上游50 m范围内，且在役管道已采取沟道护底的水工保护措施条件下，新建管道可不设置护底措施。

护岸工程顶面高程应为设计水位加波浪侵袭高加壅水高加0.5 m。基底应埋设在冲刷深度以下不小于1 m，或嵌入基岩内。当冲刷深度较深时，可采用防冲墙或护脚等平面防淘措施对护

岸工程基础进行防护。护岸工程应与上下游岸坡平顺连接，不应改变原岸坡形状，两端应嵌入岸壁 0.5 m 以上。对被损坏的原有护岸工程，应按原护岸结构恢复，并应与原护岸工程搭接。

护岸工程在地质条件允许、材料来源方便的条件下，宜优先选用浆砌石结构的防护措施。带水作业或施工困难的情况下，可选择石笼或抛石等防护措施。在地基承载力较低、岸坡侵蚀不严重，且适宜植被生长的条件下，可采用草袋植物等防护形式。

管道通过河流、冲沟岸坡的爬升段，应依据地形、地质等条件设置截水墙。

对于无冲刷资料的非岩质河、河床的穿越段管道的防护应符合：

（1）当河床有明显冲刷下切的迹象时，应设置防冲墙护底措施，防冲墙背水一侧可设置石笼或浆砌石过水面等防跌水措施。

（2）当河床有明显冲刷下切的迹象时，如果管沟回填土未做特别处理，且易发生流失，宜设置过水面护底措施。

对于有冲刷资料且管道埋入冲刷深度以下的非岩质河、沟床穿越段管道的防护，应按 GB 50423 的规定进行水下穿越段管道抗漂浮计算，以确定是否采取稳管措施。

对于管道埋入稳定岩层以下不小于 0.5 m 的岩质河、沟床

穿越段，应按 GB 50423 的规定，采取满槽混凝土连续浇筑稳管措施。

3.4.3　坡面侵蚀防护

3.4.3.1　措施类型

坡面防护主要是保护影响管线安全的边坡免受雨水冲刷，防止和延缓坡面岩土的风化、碎裂、剥蚀，保持边坡的整体稳定性。根据防治手段的不同，可按表 3-4 对坡面侵蚀防护措施进行分类。

表 3-4　坡面侵蚀防护措施分类

措施类型	措施名称	说明章节	图例中图号	图例中表号
生态防护措施	植草护坡	6.1	图 32	表 22
	植生带护面（三维植被网防护）	6.2	图 33	—
	鱼鳞坑	6.3	图 34	—
	草袋护面	6.4	图 35	—
	草袋护坡	6.5	图 36	表 23
骨架植物护坡	浆砌石骨架植物护坡	6.6	图 37～图 40	表 24～表 26
	混凝土空心块植物护坡	6.7	图 41、图 42	表 27、表 28

表 3-4（续）

措施类型	措施名称	说明章节	图例中图号	图例中表号
工程防护措施	截水墙	6.8	图43～图45	表29～表33
	截排水沟	6.9	图46～图51	表34～表39
	浆砌石堡坎	6.10	图52、图53	表40
	干砌石堡坎	6.11	图54	表41
	草袋素土堡坎	6.12	图55	表42
	浆砌石护坡	6.13	图56	表43
	干砌石护坡	6.14	图57	—
	浆砌石护面墙	6.15	图58	—
	冲土墙	6.16	图59	表44
	喷浆护面	6.17	图60～图62	表45
	锚杆钢筋混凝土护面	6.18	图63	—
	抹面护坡	6.19	图64	—
	混凝土预制块护坡	6.20	图65	—
	生态袋坡面散流	6.21	图66	—
	灰土干打垒	6.22	图67、图68	表46、表47

3.4.3.2　通用技术要点

坡面防护措施不承受边坡后部的侧向土压力，适用于稳定的边坡。护面墙可用于极限稳定边坡。

对受自然因素作用易产生破坏的边坡坡面，应根据边坡的土质、岩性、水文地质条件、边坡坡率、环境保护、水土保持要求等，选用适宜的防护措施。

封闭式的坡面应在防护砌体上设泄水孔和伸缩缝。浸水坡面的泄水孔应设于常水位的 0.3 m 以上。泄水孔应具有向墙外倾斜的坡度，泄水孔底部应设置隔水层。每 10～20 m 应设置伸缩缝和沉降缝，伸缩缝和沉降缝的宽度一般为 2～3 cm，缝中应填塞沥青麻筋或其他有弹性的防水材料，填塞深度不应小于 20 cm。

浆砌石护坡和护面墙的基础埋置深度，应根据地基稳定性、地基承载力、冻结深度、水流冲刷情况和岩石风化程度等因素确定，并应符合如下要求：

——在土质及软质岩石地基中，基础埋深不宜小于 1 m。在风化层不厚的硬质岩石地基上，基底应置于基岩表面风化层 0.25 m 以下。

——受水流冲刷时，基底应置于冲刷线以下不小于 1 m。

——结构基础受冻结深度影响时，在非永冻土地区结构基底应在冻结线以下不小于 0.25 m。当冻结深度超过 1 m 时，基底最小埋置深度不应小于 1.25 m，还应将基底至冻结线以下 0.25 m 深度范围的地基土换填为弱冻胀材料。

土质和易风化岩石的高陡边坡，宜在坡脚设置挡土墙，以降低边坡高度。当挡土墙墙顶上方坡面设有浆砌片石护墙、护坡时，墙顶应设置边坡平台，平台宽度不宜小于 2 m。

护坡和护面墙上端及两端嵌入原地层深度不宜小于 0.5 m，用于冲刷防护时不宜小于 1 m。

用砂类土、细粒土等填料填筑的边坡，应根据具体情况采取防护措施。

3.4.4 黄土塌陷冲蚀与微地貌防护

3.4.4.1 措施类型

黄土地区生态环境脆弱，严重的水土流失导致洪水、地质灾害频繁发生。恶劣的环境使通过该区域的长输管道，无论在施工期还是工程竣工后，经常受到水毁、滑坡、坍塌等灾害的影响，尤其沟壑部位影响最为严重。可选用表 3-5 所示的防护措施或组合防护措施。

3.4.4.2 通用技术要点

当管线穿越陡坎或排洪沟，可采用挡墙加固陡坎或排洪沟壁、挡墙基础和水流下游增加跌水的措施进行防护。

当管线穿越连续松散的黄土边坡时，可采用多级挡墙连续加固成台阶型，并适当设置跌水措施。

表 3-5 黄土塌陷冲蚀与微地貌防护措施分类

措施类型	措施名称	说明章节	图例中图号	图例中表号
物理措施	沟埋式防护	7.1	图 69	—
	池埂结合式防护	7.2	图 70	—
	跌水组合	7.3	图 71～图 74	—
	坡面导流堤	7.4	图 75	表 48、表 49
	草袋素土挡墙	7.5	图 76	表 50
化学措施	粒度改良	7.6	图 77	表 51
	胶结改良	7.7	图 78	表 52、表 53
	生石灰桩挤密加固	7.8	图 79	—
	碱液截水墙	7.9	图 80	—
	黄土化学泥浆截水墙	7.10	图 81	表 54

当坡面防护面积较大、不便于开展大体量工程施工时，可充分借助坡面地势，采用池埂式或池埂结合式防护措施。长缓斜坡水土侵蚀防护可采用坡面导流堤进行防护。

应慎重使用化学措施并充分考虑环境影响、农作物耕植因素。

黄土地区地形复杂，沟壑纵横，管线埋置方式千变万化，防治工程不宜采用单一结构，宜采用多种防治措施组合，设计人员应根据地形地貌、管线敷设方式、水文地质条件和当地的材料供应条件等综合考虑，采用经济、合理、耐久和可行的综合放置方式，保证管线的安全运营。

3.4.5 管体主动保护

该类型措施直接保护对象为管道本体（以下简称"管体"），可选用表3-6所示的防护措施或组合防护措施。

表3-6　管体主动保护措施分类

措施名称	说明章节	图例中图号	图例中表号
草袋素土管堤	8.1	图82	—
钢筋混凝土盖板	8.2	图83、图84	—
钢筋混凝土U型盖板	8.3	图85、图86	—
钢筋混凝土箱涵	8.4	图87	—
混凝土浇筑稳管	8.5	图88	—
水工挡墙涵洞	8.6	图89	表55

3.5 其他规定

图集中所有尺寸（除标注外）均以毫米（mm）计。

4　支挡防护

4.1　重力式挡土墙

4.1.1　适用条件

本图集挡土墙适用于抗震设防烈度为6、7度的一般地区、非膨胀性地区、盐渍土及湿陷等级为Ⅰ、Ⅱ级的黄土地区边坡支挡，由设计人根据土壤内摩擦角值 ϕ 进行选用。当抗震设防烈度为8度时，挡墙高不应大于4 m，当抗震烈度为9度时应另行设计。

挡土墙设计按一般场地条件考虑，当地基为软土、液化土、膨胀土、盐渍土、多年冻土等特殊土质，或地基位于Ⅲ、Ⅳ级湿陷性黄土区时，应按照相关规范处理地基后，方可使用。

位于斜坡的挡土墙，其坡比不宜大于1∶4，断面尺寸应按照GJBT-750中"直立式路堤、路堑墙截面"要求选用。

设计图详见图例中图1—图5和表1—表3。

4.1.2　主要设计原则

4.1.2.1　本图集挡土墙按非抗震设防和抗震设防烈度为6度、

7 度、8 度设计。

4.1.2.2 挡土墙的安全等级为二级，结构重要性系数 $\gamma=1$，详细参见 GB 50003。

4.1.2.3 施工质量控制等级为 B 级，分级标准按 GB 50203 执行。

4.1.3 荷载和结构计算

4.1.3.1 本图集所选挡土墙的构造计算和地震水平作用计算参见 GJBT-750。

4.1.3.2 挡土墙的抗滑移、抗倾覆、基底合力偏心距和基底压力，分别按照 GB 50007 相关规定进行验算。

4.1.4 技术要求

4.1.4.1 墙身及断面

墙身及断面要求如下：

（1）墙身水泥砂浆砌筑等级不低于 M7.5，外露部分采用 M10 水泥砂浆勾缝，不应形成通缝，墙顶用 M10 水泥砂浆抹成 5% 的外斜护顶，厚度为 30 mm。

（2）依据"断面尺寸及工程量表"中的 h 值选取断面尺寸，当实际 h 值不在图例的表 1、表 2 中时，采用低值高套法确定。

4.1.4.2 基础埋深

基础埋深要求如下：

（1）位于土质及软质岩石地基时，基础最小埋深不宜小于 1 m。位于风化层不厚的岩质地基时，基底应置于基岩表面风化层以下 0.25 m。

（2）受水流冲刷时，基底应置于冲刷线以下不小于 1.5 m。

（3）受冻结深度影响时，基底应在冰冻线以下不小于 0.25 m，当冻结深度超过 1 m 时，基底最小埋深应不小于 1.25 m，同时还应将基底至冰冻线以下 0.25 m 深度范围内的地基土换填为弱冻胀料（如砂砾、碎石等）。

（4）挡土墙墙体砌出地面后，基坑应及时回填夯实，并做成不小于 5% 的向外流水坡，以免积水下渗影响墙身稳定。

（5）管线下穿墙基时，应用 8 mm 厚橡胶板包裹管线，橡胶板在墙基两边各延出 0.5 m，包裹时搭接长度为 0.2 m。

4.1.4.3 沉降缝

沿墙宽每 10～20 m 设置一道沉降缝，缝中填塞沥青麻筋或其他有弹性的防水材料，缝宽一般为 20～30 mm，深度不应小于 150 mm。

4.1.4.4　墙后填料

当挡土墙砌体强度达到设计的 75% 时，应立即进行填土。填料以就地取材为主，宜选用透水性较强的砂性土、砂砾、碎石、粉煤灰等；当选用黏性土做填料时，宜掺入适量的砂砾、碎石等；不应选用膨胀土、淤泥质土、耕作土做填料，并应按照施工质量验收规范要求分层夯实，夯实时应注意勿使墙身受到较大夯击影响。

4.1.4.5　泄水孔

孔洞大小宜为 100 mm × 100 mm，也可采用 ϕ 110PVC 管，间距 1.5～2.0 m，最低一排的泄水孔位置应高于正常水位或地面线 300 mm，宜按品字形设置，同时设置墙背反滤层。

4.1.4.6　其他要求

（1）挡土墙应根据墙体顶部地形地貌及水体侵入情况，修建截水沟、排水沟或封闭地表等措施，防止水体侵入到破裂土体内；如有地下水，应设置排水盲沟，为防积水渗入基础，须在最低排泄孔下部夯填至少 300 mm 厚的黏土隔水层，或设置排水沟收集汇水。

（2）挡墙式护岸不应改变原岸坡形式和原沟道过水断面，两端须圆滑过渡嵌入原岸各 1 m，用作一般挡墙时，嵌入 0.5 m 即可。

（3）M10 浆砌石所用石材，强度不低于 MU30。

4.2　薄壁式挡土墙

4.2.1　适用条件

薄壁式挡土墙是钢筋混凝土挡土墙的主要形式，属于轻型挡土墙，主要分为悬臂式和扶壁式两种。适用于地基承载力较低的地基或石料比较缺乏的地区。

设计图详见图例中图 6。

4.2.2　技术要求

4.2.2.1　分段

悬臂式挡土墙分段长度不应大于 15 m，而扶壁式挡土墙分段长度不应大于 20 m，段间设置沉降缝和伸缩缝。

4.2.2.2 立壁

为了便于施工，立壁内侧做成竖直面，外侧坡度宜陡于 1:0.1，一般为 1:0.02～1:0.05，具体坡度值应根据立壁的强度和刚度要求确定；当挡土墙高度不大时，立壁可做成等厚度，墙顶宽度不应小于 20 cm；当悬臂式挡土墙较高时，宜在立壁下部将截面加宽。

4.2.2.3 墙底板

墙底板一般水平设置，底面水平。墙趾板的顶面一般从与立壁连接处向趾端倾斜。墙踵板顶面水平，但也可做成向踵端倾斜。墙底板厚度不应小于 30 cm。墙踵板宽度由全墙抗滑稳定性确定，并应具有一定的刚度，其值宜为墙高的 1/4～1/2，不应小于 50 cm。墙趾板的宽度应根据全墙的抗倾覆稳定性、基底应力（即地基承载力）和偏心距等条件确定，一般可取墙高的 1/20～1/5。墙底板的总宽度为墙高的 0.5～0.7 倍。当墙后地下水位较高而地基较弱时，墙底板宽度可增大到 1 倍于墙高或更大。

4.2.2.4 扶肋

扶肋间距应根据经济性要求确定，一般为墙高的 1/4～1/2

倍，每段中宜设置 3 个及以上的扶肋，扶肋厚度一般为扶肋间距的 1/10～1/4 倍，但不应小于 30 cm，采用随高度逐渐向后加厚的变截面，也可采用等厚式以便于施工。

4.2.2.5 凸榫

为了提高薄壁挡土墙的抗滑能力，减小墙踵板的宽度，常在墙底板底部设置凸榫。为使凸榫前的土体产生最大的被动土压力，墙后的主动土压力不因凸榫而增大，应注意凸榫设置的位置。通常将凸榫置于通过墙趾与水平面成 45°～ϕ/2 角线和通过墙踵与水平面成 ϕ 角线的范围内。凸榫高度应根据凸榫前土体的被动土压力能够满足抗滑稳定性要求而定；宽度除了满足混凝土的抗剪和抗弯要求以外，为了便于施工，不应小于 30 cm。

4.2.2.6 混凝土材料及保护层

薄壁式挡土墙的混凝土强度等级不应低于 C25，受力钢筋的直径不应小于 12 cm。

立壁外侧钢筋与立壁外侧表面的净距离不应小于 3.5 cm；立壁内侧主筋与立壁内侧表面的净距离不应小于 5 cm；墙踵板主筋与墙踵板顶面的净距离不应小于 5 cm；墙趾板主筋与墙趾板

底面的净距离不应小于 7.5 cm。

5 河沟道冲刷防护

5.1 浆砌石坡式护岸

5.1.1 适用条件

浆砌石坡式护岸适用于流速不大于 4 m/s 的岸坡防护。

当河道水流流速大于 5 m/s 或者河岸较竖直、放坡有困难时，应采用浆砌石挡墙式护岸。

设计图详见图例中图 7 和表 4。

5.1.2 技术要求

5.1.2.1 护岸的厚度应按流速的大小等因素确定，最小厚度不应小于 0.35 m。

5.1.2.2 护岸的基础埋置深度不宜小于河道冲刷线以下 1.5 m。同时，还需满足：

（1）位于土质及软质岩石地基时，基础最小埋深不宜小于 1 m。位于风化层不厚的岩质地基时，基底应置于基岩表面风化层以下 0.25 m。

（2）受水流冲刷时，基底应置于冲刷线以下不小于 1.5 m。

（3）受冻结深度影响时，基底应在冰冻线以下不小于 0.25 m，当冻结深度超过 1 m 时，基底最小埋深应不小于 1.25 m，同时还应将基底至冰冻线以下 0.25 m 深度范围内的地基土换填为弱冻胀料（如砂砾、碎石等）。

（4）墙体砌出地面后，基坑应及时回填夯实，并做成不小于 5% 的向外流水坡，以免积水下渗影响墙身稳定。

（5）管线下穿墙基时，应用 8 mm 厚橡胶板包裹管线，橡胶板在墙基两边各延出 0.5 m，包裹时搭接长度为 0.2 m。

5.1.2.3 护岸宽度不宜大于 10 m，若根据现场情况需增加护岸宽度。当宽度大于 20 m 时，应设置伸缩缝，缝中填塞沥青麻筋或其他有弹性的防水材料，缝宽一般为 20～30 mm，深度不应小于 150 mm。

5.1.2.4 岸坡后如为虚土回填时，应分层夯实，压实系数不应小于 0.90，同时应注意岸身不受夯击影响。

5.1.2.5 护岸不应改变原有岸坡形式，两端须圆滑过渡嵌入原岸各 1 m。

5.1.2.6 砌筑石料应选用坚硬、抗压强度大于 30 MPa、遇水不崩解的石料。水泥砂浆在严寒地区可使用 M7.5，在严寒地区应使用 M10。

5.2　干砌石坡式护岸

5.2.1　适用条件

适用于易受水流侵蚀的土质边坡。坡体严重剥落的软质岩石边坡、周期性浸水和受冲刷较轻的河岸及水库岸坡，均可采用干砌石防护。

干砌石防护有单层铺砌和双层铺砌两种形式，用于护岸的结构形式以双层干砌石最为常见。干砌石防护厚度为：单层厚度 0.25～0.35 m，抗冲刷流速 2～4 m/s；双层干砌石上层厚度为 0.25～0.35 m，下层厚度为 0.15～0.25 m，抗冲刷流速 3～5 m/s。

设计图详见图例中图 8。

5.2.2　技术要求

5.2.2.1　被防护的边坡应符合边坡稳定性要求，一般为 1：1.5～1：2。

5.2.2.2　干砌石防护中，铺砌层的底面应设垫层，垫层材料常用碎石、砾石或砂砾等。垫层可防止水流将铺石下面边坡上的细颗粒土冲走，同时，可以增加整个铺石防护的弹性，将冲击

河岸的波浪、流水等产生的动水压力，以及漂浮物的撞击压力，分布在较大面积上，从而，增强各种冲击力的抵抗作用，使其不易损坏，垫层厚度一般为 0.1～0.15 m。

5.2.2.3　所用石料应是未风化的坚硬岩石，自然湿度下平均密度不小于 $2.3 \times 10^3 \ kg/m^3$。

5.2.2.4　防护工程的坡脚应修筑墁石铺砌式基础，或堆石垛、石墙基础，基础埋深一般为 15h，（h 为干砌石厚度），同时应设置在冲刷线以下 0.5～1.0 m 处，当不能将基础埋设于冲刷线以下时，应采取适当的护底措施。

5.3　挡墙式护岸

5.3.1　适用条件

浆砌石挡墙式护岸宜用于容许流速为 5～8 m/s 的岸坡防护，混凝土挡墙式护岸可用于 8 m/s 以上流速的岸坡防护。

设计图详见图例中图 9、图 10 和表 5、表 6。

5.3.2　技术要求

5.3.2.1　挡墙式护岸宜按浸水重力式挡土墙设计。

5.3.2.2　其他技术要求，参见 4.1。

5.4 石笼护岸

5.4.1 适用条件

石笼护岸宜用于容许流速为 4～5 m/s 的易受水流冲刷且防护工程基础不易开挖的河岸防护。

大体积石笼可抵抗 5～6 m/s 流速，容许波高约 1.5～1.8 m 的水流。

设计图详见图例中图 11、图 12 和表 7。

5.4.2 技术要求

5.4.2.1 石笼用垒码形式来防止岸坡受冲刷，当边坡坡率小于或等于 1 : 2 时，可用平铺于坡面的形式。

5.4.2.2 垒砌的石笼宜用长方形，平铺的石笼宜用扁形，防洪抢险的石笼宜用圆柱形或无骨架软网袋。

5.4.2.3 石笼内所填石料，应采用重度大、浸水不易崩解、坚硬且未风化石块，粒径应大于石笼网孔尺寸。

5.4.2.4 石笼网宜采用 3～4 mm 直径的镀锌铁丝编制，宜用 8～14 mm 的钢筋作石笼骨架。石笼网孔宜采用六角形。条件允许时，宜采用预制成型的网片在现场绑扎石笼。

5.4.2.5 在缺乏大石块的河沟道冲刷地区，用石笼填充较小的石块，可以抵抗较大的流速，但在流速大，有卵石冲击的河流中，钢筋笼容易被磨损而导致早期破坏，一般不宜采用，可在石笼内浇灌小石子混凝土，或采用钢筋混凝土框架石笼。

5.4.2.6 在含有大量泥沙及基底地质良好的条件下，宜采用石笼防护，这样石笼中间块石的空隙很快被泥沙淤积，从而形成整体的防护层。

5.5 石笼挑流坝

5.5.1 适用条件

石笼挑流坝一般常用于管线穿越河道或顺河岸边坡敷设，而且河岸后退较快、岸坡不稳定、河岸线摆动较频繁的平原河流。

坝体类型的选择应遵循以下原则：一般采用漫水式中水位坝效果较好。不漫水式高水位坝布置成下挑形式较好，以减轻水流对坝头的冲击；漫水式的中水位坝布置成垂直或上挑形式较好，以减轻坝顶溢流的流速。

设计图详见图例中图 13、图 14。

5.5.2 技术要求

单个挑流坝不能挑开水流，反而会使水流在挑流坝附近形成环流，引起挑流坝上下游较大范围内的水流情况严重恶化，造成更严重的冲刷。因此，石笼挑流坝在使用时，应成群布置。

5.6 地下防冲墙

5.6.1 适用条件

适用于各类土质条件下有明显下切作用的河沟床的冲刷防护，如管线完全进入基岩则采取其他防护措施。

设计图详见图例中图 15—图 17 和表 8、表 9。

5.6.2 技术要求

5.6.2.1 防冲墙宜设置于管道穿越段下游 5～10 m 范围，当河床纵坡较陡时，取小值。防冲墙走向应与水流方向、两岸垂直，两端须嵌入原岸各 0.5 m 以上或与护岸搭接。

5.6.2.2 对于冲刷强烈的河沟床防护，可采用防冲墙与浆砌石过水面的组合措施进行防护。对于河沟床比降较大的河道，可采用多级防冲墙的组合方案进行防护。

5.6.2.3 地下防冲墙顶面原则上与河沟床面齐平，顶面与底面均随河沟床的起伏设置。不应任意改变原过水断面的形状，原则上不应抬高或降低河沟床面。特殊条件下应抬高河沟床面时，防冲墙露出原河沟床的高度不应超过 500 mm。

5.6.2.4 浆砌石采用 M7.5 砂浆砌筑，不应形成通缝，砂浆饱满度不小于 95%。

5.6.2.5 墙底如为黏性土，需做 150 mm 厚砂砾石垫层，并夯实处理。墙底有稳定岩层时，墙底进入岩层 300 mm 以内。

5.6.2.6 当防冲墙墙身强度指标满足要求后，墙体两侧回填土应分层夯实，夯实系数不小于 0.90。

5.6.2.7 具有整体结构的地下防冲墙应每隔 10～15 m 设伸缩缝一道，缝中填塞沥青麻刀或其他有弹性的防水材料，缝宽一般为 20～30 mm，深度不应小于 150 mm。

5.6.2.8 基底应置于沙土、碎卵石土和基岩上，严禁放在未经处理的回填土和新冲淤层上。地基为岩石，入岩 30～50 cm 即可，基坑应及时分层夯实回填，注意墙身不应受夯击影响。

5.7 石谷坊 / 淤土坝

5.7.1 适用条件

石谷坊 / 淤土坝是针对管道穿越河沟道的敷设方式所设计的一种抬高河床面的护底措施，适用于各类土质、岩质条件下的河沟床。其目的是在管线穿越河沟道埋深较浅、不足以保证管道安全的情况下，保证管道埋深，防止河沟道水流冲刷下切作用，避免管线暴露的危险情况出现。由于谷坊自身工程量较大、土方回填也较大，而且上淤了河床，改变了水流态势。因此，石谷坊通常只是为保证管线安全埋深的一种补救措施。

设计图详见图例中图 18、图 19。

5.7.2 技术要求

5.7.2.1 石谷坊设置在管线下游，应选择河道顺直、宽度较窄处设置。

5.7.2.2 石谷坊距管线净距离应控制在 2～5 m。

5.7.2.3 砌筑砂浆标号为 M7.5，不应形成通缝，石料抗压强度不小于 MU30，选用粒径不小于 20 cm 的石块、片石。

5.7.2.4 石谷坊墙顶面原则上应高于管顶面 1 m，顶面可依据原

河道的形状做成漫弧形。

5.7.2.5 墙底如为黏性土，需做 15 cm 厚砂砾石垫层，并夯实处理，基底有稳定岩层时，墙底应进入新鲜岩层 0.1～0.2 m，墙地面随地形起伏。

5.7.2.6 当石谷坊墙身强度指标满足要求后，墙身迎水面的回填土，应分层夯实，夯实系数不小于 0.90。

5.7.2.7 石谷坊底部及两端应以齿墙的形式嵌入稳定的原河沟岸界底部及两端各 0.5 m 深，齿槽的宽度宜为 0.5 m。

5.7.2.8 谷坊走向应与水流方向垂直，且与两岸垂直。

5.7.2.9 每隔 10～15 m 设伸缩缝一道，宽度 2～3 cm，沥青麻筋填满。

5.7.2.10 泄水孔孔径为 10 cm×10 cm 的方形，或直径为 10 cm 的圆形。

5.8 过水面

5.8.1 适用条件

过水面是一种防止河床局部冲刷的护底措施，其作用机理在于对原河床的易遭受冲刷的细颗粒土质采用粒径较大、整体性好的结构物进行表层置换，置换后的河床具有更强的抗冲刷

性，能抵抗更高流速的水流冲击作用。按置换后的材料类型不同，分为干砌石过水面、石笼过水面、浆砌石过水面和钢筋混凝土过水面4种。

在结构形式的选择上应根据不同过水面的抗冲流速及设防要求进行选择，干砌石过水面抗冲流速3～5 m/s，石笼过水面抗冲流速4～6 m/s，浆砌石过水面抗冲流速可达5～10 m/s，钢筋混凝土过水面抗冲流速可达10 m/s以上。

设计图详见图例中图20—图23和表10—表13。

5.8.2　技术要求

5.8.2.1　护底铺设或浇筑前，应对底部进行整平、压实处理。过水面顶面原则上与自然河（沟）床面齐平，不应随意抬高河（床）面。

5.8.2.2　过水面的长度应覆盖管道穿越段长度且嵌入两侧河沟岸，过水面宽度不应小于管沟上口宽度，一般取4～6 m。

5.8.2.3　为防止过水面沉降对管线防腐层挤压破坏，过水面距管线的净距离不应小于0.5～1 m。

5.8.2.4　每隔10 m设伸缩缝一道，缝宽2 cm，缝中填塞沥青麻筋，填塞深度不小于15 cm。

5.8.2.5　还需满足以下技术要求：

（1）干砌石粒径以不小于20 cm为宜，采用双层铺砌，大石压顶，衔接紧密。

（2）栽砌卵石时，卵石长轴方向不小于20 cm，采用双层立栽的形式密贴。

（3）石笼过水面内装石料可采用块石或卵石，石料粒径不小于10 cm，大块石料置于外侧，小块石料居于内。石笼边角可采用短桩进行固定。

（4）浆砌石过水面砌筑砂浆标号可选用M7.5，石料强度不小于MU30。

（5）采用现浇钢筋混凝土结构，钢筋采用HRB335，混凝土强度不低于C25；钢筋保护层厚度为10 cm。

5.9　护坦

5.9.1　适用条件

适用于河道、冲沟的沟底防护，且沟道纵坡小于5%的地段。

设计图详见图例中图24—图27和表14。

5.9.2 技术要求

5.9.2.1 护坦平面布置原则上按照原地形布置，必要时可根据实际微地貌进行调整，但调整后仍保持轴线线形连续，护坦顶面原则上与自然河（沟）床面平，并按单向纵坡设置，不应随意抬高河（沟）床面。

5.9.2.2 浆砌石护坦宽度在表列数值中间时，各部尺寸允许线性插值求得。

5.9.2.3 浆砌石护坦用 MU30 块石、M10 砂浆砌筑。

5.9.2.4 浆砌石护坦外露面采用 M10 砂浆勾平缝。

5.9.2.5 混凝土护坦用 C20 混凝土浇筑（设置钢筋网时，选用 C25）。

5.9.2.6 护坦纵向每隔 10～15 m 设置一道 2 cm 宽伸缩缝，伸缩缝由沥青木板或沥青玛蹄脂填充，填塞深度不小于 20 cm。

5.9.2.7 护坦基础开挖后应原土人工夯实，并铺设 5 cm 厚 M5 砂浆。

5.10 水渠

5.10.1 适用条件

适用于台田地渠道整修或承接来自坡面排水沟的汇水。一般常见的水渠形式有普通夯挖渠、三（四）合土加固渠、单层干砌石渠、单层栽砌卵石渠、浆砌石梯形渠和浆砌石矩形渠。

普通夯挖水渠一般适用于黏性土或黄土土质的边沟和排水沟，不适用于截水沟。沟内平均流速不大于 0.8 m/s。

三（四）合土加固渠一般用于无冻害及无地下水地段的水沟，沟内平均流速 1.0～2.5 m/s。

单层干砌石渠一般用于无防渗要求的沟渠加固地段。

单层栽砌卵石渠一般用于无严格防渗要求、容许流速在 2.0～3.0 m/s 的防冲沟渠加固地段。

浆砌石梯形渠一般用于沟内水流速度较大，且防渗要求较高的地段。

浆砌石矩形渠一般用于沟内水流速度较大，而且防渗要求较高的地段，适用于地面横坡较陡的地段。当沟深 $H \leqslant 1$ m 时，采用直墙式；当 $H > 1$ m 时，采用斜墙式。

设计图详见图例中图 28—图 31 和表 15—表 21。

5.10.2 技术要求

5.10.2.1 普通夯挖渠

普通夯挖渠要求如下：

（1）开挖水沟时，沟底及渠壁部分均少挖 0.05 m。

（2）将沟底沟壁夯拍密实，土的干密度不宜小于 $1.6 \times 10^3 \text{kg/m}^3$，土层厚度不应小于 0.05 m。

（3）沟渠开挖时，应随开挖随夯实，避免土中水分消失、不易拍坚实。

（4）施工中如发现沟底沟壁有鼠洞或蛇穴，应用原土补填夯实。

5.10.2.2 三（四）合土加固渠

三（四）合土加固渠要求如下：

（1）三合土（水泥、砂、炉渣）质量比宜为 1:5:1.5。在无炉渣地区可使用体积比为 1:3.3:2.3 的石灰、黄土、卵（碎）石。

（2）四合土（水泥、石灰、砂、炉渣）质量比宜为 1:3:6:24。

（3）宜采用低标号水泥，炉渣应经过高温烧化，含灰量不超过 5%，粒径不超过 5 mm。

（4）在常流水的水沟加固表面，可加抹 1 cm 厚 M7.5 水泥砂浆。

（5）混合土厚 0.1～0.25 m 时，视沟内平均流速或沟底纵坡大小而定。

（6）施工前两周应将石灰水化，使用前 1～3 d 应将黄土或炉渣掺入拌匀，使用时将卵（碎）石或水泥及砂掺入，反复拌和均匀。

（7）沟渠开挖后，应趁土质潮湿时立即加固；如土质干燥，则宜洒水湿润后再行加固。

（8）沟渠铺混合土前，应将沟底及沟壁表面夯拍平整，然后每约 2 m 长安装一模板，以保证加固厚度一致。

（9）沟渠铺混合土后，应拍打提浆，然后再抹水泥砂浆护层，等稍干后用大卵石将表面压紧磨光。最后用麻袋或草席覆盖，并洒水养生 3～5 天。

（10）施工季节以春秋季为宜，不宜在冬季。

（11）养护时，如发现裂缝或表面剥落，应及时修补。

5.10.2.3 单层干砌石渠

单层干砌石渠要求如下：

（1）沟内平均流速在 2.0～3.5 m/s 时，干砌石尺寸可采用 15～25 cm。流速在 4 m/s 以上时，应采用急流槽或加设跌水。

（2）当沟壁沟底为细颗粒土时，应加设卵石、碎（砾）石垫层，其厚度按平均流速大小及土质情况，在 10～15 cm 范围选用。

5.10.2.4 单层栽砌卵石渠

单层栽砌卵石渠要求如下：

（1）垫层可采用平均粒径 2～4 mm 的干净砂砾，含泥量应在 5% 以下。

（2）应先砌沟底，后砌沟壁。砌底选用较好的大卵石。砌筑可自下而上逐步选用较小的卵石，最上一层则用较长卵石平放封顶压牢。

（3）卵石应裁砌，大头朝下，每行卵石大小均匀，两排之间保持错缝。卵石下部及卵石之间的孔隙应用小石填塞紧密。

5.10.2.5　浆砌石梯形渠

浆砌石梯形渠要求如下：

（1）在有地下水或常年流水及冻害地段，沟壁沟底外侧应加设反滤层或垫层，并在沟壁上预留泄水孔。

（2）沟内平均流速大于 4 m/s，沟底纵坡不加限制，可考虑用急流槽形式。

（3）沟渠开挖后，应整平夯拍，如土质干燥应洒水润湿，遇有鼠洞陷穴，应堵塞夯实。潮湿土层内宜增设砂砾石垫层。

（4）浆砌石厚度一般采用 25～30 cm，水泥砂浆等级一般为M5，随拌随用。砌筑完成后，应注意养护。

（5）石料极限抗压强度不小于 20 MPa。

5.10.2.6　浆砌石矩形渠

开挖基坑时，应根据土质条件确定边坡坡率，沟槽砌筑后，用原土回填。其余注意事项，参见浆砌石梯形渠。

6　坡面侵蚀防护

6.1　植草护坡

6.1.1　适用条件

植草防护适用于边坡稳定、坡面受雨水冲刷轻微，且宜于草类生长的土质边坡，用以防止表面水土流失、固结表土、增强边坡坡面的稳定性，还可以保护生态环境并恢复自然植被，重现一个自然的生态环境。对于经常浸水或长期浸水的边坡，种草不易生长，则不宜采用此种防护。

植草护坡适用于边坡坡率为 1∶1.5～1∶2.0，当边坡坡率大于 1∶1.25 时，应结合其他方法使用。边坡每级坡高不宜高于8 m。

设计图详见图例中图 32 和表 22。

6.1.2　技术要求

6.1.2.1　植草护坡一般由草种、木纤维、保水剂、黏合剂、肥料、染色剂等与水组成的混合物。其材料配比一般是每平方米用水4000 mL，纤维200 g，黏合剂（纤维素）3～6 g，保水剂、复合肥及草种根据具体情况而定。

6.1.2.2 播种应在平整、湿润的坡面上进行。播种方法可采用撒播法、喷播法和行播法等。采用撒播法时，为了使草籽均匀分布，可先将种籽与砂、干土及肥料或锯末混合后播种。在边坡较陡或较高的情况下，可通过试验采用草籽与含肥料的有机质泥浆混合，用喷播法将混合物喷射于坡面。采用行播法时，草籽埋入深度应不小于5 cm，而且行距应均匀。

6.1.2.3 播种的时间宜在气候温和、湿度较大的春秋季，不宜在干燥的风季和暴雨季节。播种后，适时进行补种、洒水、施肥、清除杂草等养护管理，直至植物成长覆盖坡面。

6.1.2.4 草种应根据气候区划进行选用，应具有优良的抗逆性，并采用两种以上的草种进行混播。常用的坡面植被草种参见表6-1。

表6-1 常用坡面植被草种

地区	常用坡面植被草种
东北地区	野牛草、结缕草、紫羊茅、羊茅、匍匐剪股颖、草地早熟禾、白三叶、林地早熟禾、早熟禾、小糠草、高羊茅、异穗苔草、加拿大早熟禾、白颖苔草

表6-1（续）

地区	常用坡面植被草种
华北地区	野牛草、林地早熟禾、草地早熟禾、白三叶、匍匐剪股颖、加拿大早熟禾、白颖苔草、颖茅苔草
西北地区	野牛草、林地早熟禾、草地早熟禾、白三叶、匍匐剪股颖、加拿大早熟禾、颖茅苔草、狗牙根草（温暖处）、羊茅、白颖苔草、高羊茅、结缕草、小糠草、紫羊茅
西南地区	假俭草、紫羊茅、草地早熟禾、白三叶、羊茅、双穗雀稗、高羊茅、小糠草、弓果黍、竹节草、马蹄金、狗牙根草、香根草、多年生黑麦草
华中、华东地区	假俭草、紫羊茅、草地早熟禾、白三叶、双穗雀稗、小糠草、细叶结缕草、匍匐剪股颖、马尼拉结缕草、香根草、结缕草、早熟禾、狗牙根草
华南地区	白三叶、假俭草、两耳草、中华结缕草、双穗雀稗、马蹄金、马尼拉结缕草、细叶结缕草、弓果黍、香根草、沟叶结缕草、狗牙根草

6.2 植生带护面

6.2.1 适用条件

植生带护面适用于砂性土、土夹石及风化岩石，且坡率小于 1 : 0.75 的边坡防护。

设计图详见图例中图 33。

6.2.2 技术要求

6.2.2.1 材料要求

植生带应选用三维植被网为基质。植生带内自带的草籽应适宜当地生长，对土质适应性强、自生能力强、耐酸碱、出芽迅速、根系发育、成活率不低于 85%。

6.2.2.2 设置要求

植生带施工应严格按照产品说明书并在厂家指导下进行施工。

施工前应清除坡面杂物，平整坡面。在坡顶、坡底开挖垂直坡面径流方向的锚固沟，在坡面两边开挖顺径流方向的锚固沟。在坡面上沿水流方向铺设植生带，铺设要平顺，不宜拉紧；植生带上的上下端在坡顶和坡底应埋入锚固沟，两端也要埋入锚固沟；相邻两植生带搭接长度为 200 mm。

固定桩可采用楔形短木桩（或树枝），桩径 20～30 mm，桩长 150～300 mm，松土宜用长桩；需配以垫圈，垫圈可用普通纸板简单制作，垫圈直径 50～100 mm；固定桩的间距一般为 2～3 m（包括搭接处）。坡度大于 30° 的坡面以及锚固沟内，宜按 1 m 间距布桩。

植生带铺设固定完毕后，表面需铺 100～200 mm 厚的表土，轻轻拍实，并注意及时浇水，观察草的生长情况。

不应在植生带上行驶车辆或机械。

6.3 鱼鳞坑

6.3.1 适用条件

适用于地形破碎、土层较薄，不宜采用带状整地工程的坡面。设计图详见图例中图 34。

6.3.2 技术要求

6.3.2.1 鱼鳞坑整体工程设防标准应按 10～20 年一遇 3～6h 的最大雨量设计。

6.3.2.2 每坑平面呈半圆形，长径宜为 0.8～2.0 m，短径宜为 0.5～1.0 m，坑深宜为 0.3～0.5 m。在下沿做成中部高、两端低的弧状土埂，宜高 0.2～0.3 m。

6.3.2.3 各坑在坡面基本沿等高线布设，上下两行坑口呈"品"

字型错开排列。树苗栽植在坑内距下沿宜为 0.2～0.3 m 位置。

6.4 草袋护面

6.4.1 适用条件

适用于易受雨水冲刷的稳定土质（包括黄土）边坡。边坡坡率以不大于 1∶1 为宜。地下水发育时不适用。

设计图详见图例中图 35。

6.4.2 技术要求

6.4.2.1 应清理边坡表面风化物、松浮石块、石屑、松土和杂草树根等杂物。

6.4.2.2 针对填方边坡，应进行夯实处理。

6.4.2.3 针对坡面坑洼、凹陷处，应进行回填夯实。

6.4.2.4 材料要求如下：

（1）短木桩。短木桩入土深度不应少于 0.5 m，桩径以 5～10 cm 为宜，可依据当地气候条件选用活木桩。为打入方便，可将桩头削尖。

（2）草袋装土。土料可选用粉土、粉质黏土、沙性土等细颗粒土为主，特殊条件下可部分采用碎卵石土。当采用袋装土

绿化坡面时可在草袋内增添草籽及相应的配料，土料中应增加部分熟土。草袋装土控制在 10～15 cm 厚，厚度应均匀。

6.4.2.5 施工注意事项如下：

（1）应按照自下而上的顺序施工，打设短木桩与铺设草袋可同步进行。

（2）打短木桩：短木桩间距宜为 2 m，按正三角形分布。短木桩轴线应与水平面垂直，短木桩打设完毕后铺设上一级草袋。

（3）草袋铺设：采用单层草袋叠压平铺的方式。草袋装土口置于高处，装土完毕后，将草袋装土口向下折叠。上级草袋叠压下级级草袋，上下级草袋间应错缝叠压。

6.5 草袋护坡

6.5.1 适用条件

草袋护坡可用于 Ⅰ、Ⅱ 级湿陷性黄土地区在内的土质地区的地坎恢复和无冲刷下切作用的软土地区的岸坡防护，且边坡坡率不宜大于 1∶1。

地下水发育时不适用，也不适用于长期浸水的边坡。

设计图详见图例中图 36。

6.5.2 技术要求

6.5.2.1 边坡防护高度不宜大于 10 m，护坡的厚度不宜小于 0.4 m。

6.5.2.2 护坡的基础埋深宜为 1.5b（b 为护坡厚度），且不宜小于 0.5 m。

6.5.2.3 临空面的草袋内可放入适宜当地生长的草籽，以起到稳固、美化边坡的作用。

6.5.2.4 基础应置于老土层中，严禁放在软土、松土或未经处理的回填土上。

6.5.2.5 护坡不应改变原坡面的形式，护坡两边应嵌入原坡岸各 0.5 m。

6.5.2.6 施工要求如下：

（1）坡面整平。施工前须对坡面进行整平处理，坑洼处进行夯填嵌补，虚土回填的坡面应进行夯实处理。

（2）草袋叠砌装素土，厚度为 0.4 m，叠砌时相邻两行草袋间需错缝。

（3）土料就地取材，不应装填块石土，选用碎石土时，碎石含量不应超过 20%。草袋规格可选用 50 cm × 70 cm × 20 cm，实际装填体积按 70% 计。

6.6 浆砌石骨架植物护坡

6.6.1 适用条件

浆砌石骨架植物护坡分为拱形骨架、菱形骨架和人字形骨架护坡，适用于坡率小于 1∶0.75 的土质和易风化岩石边坡，当坡面受雨水冲刷严重或潮湿时坡比宜小于 1∶1。

设计图详见图例中图 37—图 40 和表 24—表 26。

6.6.2 技术要求

6.6.2.1 设计人员应根据土质、坡率和现场实际等情况合理选用拱形、菱形或人字形骨架护坡。框架内覆盖 150～250 mm 种植土，所选植物应根据当地情况另行设计。还可采用三（四）合土捶面、铺草皮等方法增加土体稳定性。

6.6.2.2 当护坡长度大于 10 m 时，宜设置分级平台，平台宽度不宜小于 2 m；当护坡宽度大于 10 m 时，宜设置伸缩缝。

6.6.2.3 施工前应清除坡面浮土、碎石、填补凹坑，边坡基层应分层夯实整平方可施工。多余地区应考虑带排水槽的护坡，并考虑对齿墙进行加固。

6.7 混凝土空心块植物护坡

6.7.1 适用条件

混凝土空心块植物护坡分为正方形混凝土空心块植物护坡和六边形混凝土空心块植物护坡，适用于边坡坡率小于 1 : 0.75 的土质边坡和全风化、强风化的岩石边坡。

设计图详见图例中图 41、图 42 和表 27、表 28。

6.7.2 技术要求

当用于多级边坡防护时，应设置浆砌石或混凝土骨架，空心预制块内应填充种植土，并喷播植草。其他参见 6.6.2.1。

6.8 截水墙

6.8.1 适用条件

浆砌石截水墙适用于坡度小于 45° 的管线坡地，灰土或黏土截水墙适用于坡角小于 30° 的管线坡地。其中，灰土截水墙常用于黄土地区，但其设置位置不能影响耕地或林草的地表层。

设计图详见图例中图 43—图 45 和表 29—表 33。

6.8.2 技术要求

6.8.2.1 浆砌石截水墙可用条石或块石砌筑，石料缺乏地区可使用粒径大于 150 mm 的河卵石砌筑，强度不应小于 MU30，砌筑砂浆为 M7.5 水泥砂浆。

6.8.2.2 灰土截水墙应用 2 : 8 灰土（体积比）分层夯实，分层厚度不大于 300 mm，夯实系数不小于 0.95。

6.8.2.3 黏土截水墙体应过筛后方可使用，分层厚度不大于 300 mm，夯实系数不小于 0.90。

6.8.2.4 管线穿过截水墙时，应采用 8 mm 厚的橡胶包扎管道。

6.8.2.5 荒山或林草地地段，可在截水墙上加 300 mm 高的干砌石堡坎，以便配以耕植土，种植适宜植物。耕种地内应使截水墙顶部距地面 200～300 mm。

6.8.2.6 截水墙材料除浆砌石、灰土或黏土外，还可采用草袋、木板及混凝土，其适用地区及厚度要求应符合表 6-2 的规定。

6.8.2.7 截水墙还应符合以下规定：

（1）截水墙基地应置于管沟沟底，其顶面宜与原自然地面齐平，农田地段截水墙顶面应与地面保留 0.3～0.5 m 的耕种层厚度；

（2）截水墙两端部应嵌入两侧管沟沟壁各 0.2～0.5 m，管壁土质较软时取大值，土质较硬时取小值。

表6-2 截水墙适用地区及厚度要求

结构形式	适用地区	厚度/m
浆砌石截水墙	卵砾石和石方地区	≥0.3
草袋截水墙	黏性土会软土土质地区	≥0.5
灰土截水墙	黄土或砂性土地区	≥0.3
素土/黏土截水墙	黏性土地区	≥0.6
木板截水墙	施工困难、建筑材料缺乏地区	≥0.05
混凝土现浇截水墙	浆砌石施工困难的石方地区	≥0.2
混凝土预制板截水墙	浆砌石施工困难的石方地区	≥0.1

（3）截水墙基地应为水平，在岩质管沟地段可置于稳定的管沟沟底，土质管沟地段嵌入管沟沟底不宜小于0.2 m。

（4）截水墙斜向间距宜符合表6-3的规定。

表6-3 截水墙斜向间距

管沟沟底纵向坡度/°	截水墙斜向间距/m
5～<8	15～20
8～<15	12～15
15～<25	10～12
25<	10

注：
1. 管沟沟底纵向坡度大时，截水墙斜向间距取小值。
2. 管线横坡敷设情况下，当纵坡坡度小于5°且管道敷设长度不小于50 m时，截水墙斜向间距可按20～50 m选取。

6.9 截排水沟

6.9.1 适用条件

截排水沟适用于水流集中并在长期冲刷下容易形成冲沟并发育、造成管道外露的斜坡地段。截水沟应将坡面中上部汇水引至排水沟或远离管道的天然冲沟，排水沟应将汇水引至远离管道的安全地段。

截排水沟的横断面应有足够的过水能力。当不需要按流量计算时，可按图集根据实际地形地貌综合考虑后选用。若需按流量设计排水渠时，宜按15～20年降雨重现期设防。

设计图详见图例中图46—图51和表34—表39。

6.9.2 技术要求

6.9.2.1 材料要求如下：

（1）截排水沟常用块石砌筑、混凝土现浇或预制。

（2）浆砌石截排水沟的石材要求同3.1.1。

（3）混凝土截排水沟优先选用C15混凝土现浇，也可用C20混凝土预制而成，板缝间用M7.5水泥砂浆灌满。

6.9.2.2　设置要求如下：

（1）沟渠顶面应高出设计水位 200 mm 以上。排水沟较长时，应有逐级分流措施。

（2）当地基土质较好时采用 A 型排水沟；当地基土质较差或对排水沟质量要求较高时，可采用 B 型排水沟；若当地缺乏石块时，可采用现浇筑或预制混凝土排水沟。

（3）排水沟起点和终点宜与既有沟渠平顶衔接。

（4）排水沟的纵向坡度一般不应小于 0.3%，困难地段不小于 0.2%。

（5）当引水入桥涵时，水沟沟底标高不应低于桥涵入口标高。

（6）散水或消力池用于排水沟或截水沟的端部效能排放；当排水沟端部出口置于陡坎位置，且排水沟集中水流量较小时，宜用抗冲层。

6.10　浆砌石堡坎

6.10.1　适用条件

该结构适用于 0.8 m≤h≤3.0 m 的田、地坎恢复（h 为堡坎高度）。

设计图详见图例中图 52、图 53 和表 40。

6.10.2　技术要求

6.10.2.1　材料：砂浆饱满度不小于 95%，砌筑砂浆 M7.5，外露面勾缝砂浆 M10，不应形成通缝。墙顶用 1∶3 水泥砂浆护顶，厚度 3 cm，石料选用强度不小于 MU30 的硬质块石或片石，厚度不小于 15 cm，严禁使用风化石。

6.10.2.2　伸缩缝：每隔 10 m 设伸缩缝一道，缝中填塞沥青麻筋，沿内外顶三方填塞深度不小于 15 cm。

6.10.2.3　地基：堡坎砌出地面后，基坑应及时夯实回填，堡坎地基夯实系数不低于 0.94。

6.10.2.4　墙后填料：墙后填土坡比为水平，填料以就地取材为主，可选用沙质土、卵砾石、石屑、碎石土。坎身强度达到 70% 时，应立即填土并夯实，坎身不应受夯击影响。

6.10.2.5　在管道、光缆与堡坎交叉处，在基础开挖过程中，若管道或光缆暴露，砌筑堡坎前需对管道和光缆保护，即用 8 mm 厚的橡胶板包裹管线，搭接 0.2 m，在两侧各延伸 0.5 m，在低于管顶 0.1 m，水平距离管侧 0.3 m 的位置加装保护光缆线路的高密度聚乙烯套管，如砌筑堡坎时，直埋光缆已经下沟，则需将聚乙烯管一侧剖开，扣在光缆上，将聚乙烯管砌在堡坎内，两侧各延伸 1 m。堡坎砌筑时注意保护好光缆。由于保护管道和光缆增加的工程量根据实际情况现场确认。

6.11 干砌石堡坎

6.11.1 适用条件

适用于地坎、地貌恢复，坎高不宜大于 2.6 m，尽量恢复原地貌，地基承载力不小于 100 kPa。

设计图详见图例中图 54 和表 41。

6.11.2 技术要求

（1）石料选用抗压强度不小于 MU20，厚度不小于 10 cm 的块石，严禁采用风化石。

（2）基础置放于三七灰土垫层上，严禁放在未经处理的回填土上，坎身砌出地面后，基坑应及时夯实回填，堡坎的基础埋深按 0.5 m 考虑，如地基条件不良，可依据实际情况增加基础埋深。

（3）堡坎后填料要求：上部填料以复耕土为主，厚度 0.3～0.5 m，下部回填土应分层夯实，夯实度不小于 0.85。

（4）堡坎不应改变原田地坎的地貌，两端应圆滑过渡嵌入两边稳定土体不小于 0.5 m。

6.12 草袋素土堡坎

6.12.1 适用条件

该结构适用于 $0.8 \leqslant h1 \leqslant 2.0$ 的一般地质条件（$h1$ 为地面线以上堡坎高度），不适用于软土地区和病害地区，如活动断裂带、滑坡区和流沙区等。

设计图详见图例中图 55 和表 42。

6.12.2 断面尺寸的选择

依据图例表 42 中 $h1$ 选择断面其他尺寸。当 $h1$ 不在图例表 42 中时，采用内插法。

6.12.3 坎后填料要求

坎后填土坡比为水平，填料以就地取材为主，可选用沙质土，细沙，卵砾石、碎石土，压实度不小于 0.85。

6.12.4 结构形式及材料要求

结构形式为素土草袋码砌。土料就地取材，不应含有大块土和碎石，码砌不应形成纵向通缝，每层草袋码砌完毕，应经过简单压实后，方可码砌上一层草袋。每个草袋体积可为 0.7 m×0.5 m×0.2 m，实际填料体积按草袋体积的 70% 计。

6.13 浆砌石护坡

6.13.1 适用条件

浆砌石护坡适用于坡率 1:1～1:2 的土质和易风化岩石边坡，在坡面受雨水冲刷严重或潮湿时，坡比应尽量放缓。

设计图详见图例中图 56 和表 43。

6.13.2 技术要求

6.13.2.1 浆砌石护坡的厚度可根据水流的大小和速度进行调整，较大时取较高值，垫层应根据地区性质、实际情况、土质情况进行相应的调整。

6.13.2.2 当护坡长度大于 10 m 时，宜设置分级平台，平台宽度不宜小于 2 m。

6.13.2.3 当护坡宽度大于 10 m 时，应设置伸缩缝。

6.13.2.4 护坡应与原状土层结合紧密，采取嵌入坡面 500 mm 或其他有效措施进行局部加固处理。

6.13.2.5 砂浆饱满度不小于 95%，砌筑砂浆为 M7.5，外露面勾缝砂浆为 M10，不应形成通缝。石料选用强度不低于 MU30 的硬质块石或片石，厚度不小于 15 cm，严禁采用风化石。

6.13.2.6 地基要求：基底应置于中密的砂土、碎石土和基岩上，严禁放在未经处理的回填土和新冲淤层上。墙身砌处地面后，基坑应及时夯实回填，夯实系数不小于 0.94，做成 5% 的外向流水坡。管线穿墙基时，用 8 mm 厚橡胶板包裹管线。

6.13.2.7 岸坡后为虚土回填时，应分层夯实，注意岸身不应受夯击影响。

6.14 干砌石护坡

6.14.1 适用条件

干砌石护坡适用于边坡坡率为 1:1.25～1:2.5 的土（石）质边坡，以及周期性浸水的河滩、水库或台地边缘的边坡。

干砌石护坡一般有单层铺砌和双层铺砌两种形式。用于坡面防护的一般为单层式，厚度不宜小于 0.3 m。用于土质边坡易受地表水冲刷或边坡经常有少量地下水渗出而产生的小型溜塌的边坡时，边坡坡率不宜大于 1:1.25，单级防护高度不宜大于 6 m。

设计图详见图例中图 57。

6.14.2 技术要求

6.14.2.1 石料应选择结构密实、石质均匀、不易风化、无裂缝的硬质片石或块石，其强度一般不小于 MU25，强度等级以 5 cm×5 cm×5 cm 含水饱和试件极限抗压强度为准。

6.14.2.2 施工前，应将坡面上的溜塌、冲沟、冲蚀等清除或回填夯实。

6.14.2.3 干砌石护坡厚度一般为 0.3 m，当边坡为粉质土、松散的沙土或黏沙土等易被侵蚀的土时，在干砌石下面应设不小于 0.1 m 的碎石或砂砾垫层。

6.14.2.4 基础选用较大块石时，其埋深一般不小于 1.5h（h 为护坡厚度）。基础应置于原土层内，严禁放在软土、松土或未经处理的回填土上。基坑应及回填夯实。

6.15 浆砌石护面墙

6.15.1 适用条件

浆砌石实体护面墙适用于边坡坡率不大于 1∶0.3 的稳定土质和易风化的岩质边坡的防护。

护面墙除自重外，不担负其他荷载。

设计图详见图例中图 58。

6.15.2 技术要求

（1）护面墙所防护的土质边坡应符合极限稳定边坡的要求，边坡坡率不宜大于 1∶0.5。

（2）等截面护墙高度：当边坡为 1∶0.3～1∶0.5 时，单级防护高度不宜超过 6 m；当边坡为 1∶0.5～1∶1 时，单级防护高度不宜超过 10 m。

（3）变截面护墙高度：单级不宜超过 12 m，否则应采用多级护墙，单高度一般不宜超过 30 m，两级或三级的护墙高度应小于下墙高度，下墙的截面应比上墙大，上下墙之间应设置错台，其宽度应可使上墙修筑在坚固牢靠的基础上，一般不宜小于 1 m。

（4）护墙厚度：等截面护面墙厚度视墙高而定，宜为 0.4～0.5 m，墙高时取大值。变截面护面墙墙顶厚度宜为 0.4 m，底宽根据墙高和基础容许承载力而定，宜等于顶宽加 $H/10$～$H/20$（H 为墙高），边坡坡率大于 1∶0.5 时，取 $H/10$，边坡坡率介于 1∶0.5～1∶1 时，取 $H/20$。

（5）护墙基础：浆砌石实体护面墙的地基承载力不应低于

300 kPa。护墙基础应设置在冻胀线下至少 0.25 m，基底承载力小于 200 kPa 时，应采取适当加固措施，一般将墙底做成倾斜的反坡。

（6）耳墙：为了增加墙面的稳定性，墙背每 4～6 m 应设置一耳墙，耳墙宽 0.5～1 m；墙背坡坡率大于 1：0.5 时，耳墙宽 0.5 m，墙背坡小于 1：0.5 时，耳墙宽 1 m。

（7）墙帽：护面墙的顶部应设置 25 cm 厚的墙帽，并使其嵌入边坡内 20 cm，以防雨水从墙顶流入。

6.16 冲土墙

6.16.1 适用条件

冲土墙适用于边坡易风化剥落的页岩、泥岩、胶结砂以及易受地表水冲刷并发生滑塌和冲沟的砂卵石、黄土边坡。适用边坡坡率为 1：0.5～1：1，墙高不超过 10 m。适用无地下水，干旱少雨地区。

设计图详见图例中图 59 和表 44。

6.16.2 技术要求

6.16.2.1 墙体采用当地黄土夯实而成，不宜采用黏、沙质黄土。

6.16.2.2 浆砌片石作为墙基，清除坡面浮土及杂草，填补凹坑，并洒水浸湿边坡，使墙体和坡面紧密结合。

6.16.2.3 立模板，把拌好的黄土置于模内，用力分层夯实，每层厚度不宜大于 0.2 m。夯实后一层前，应将前一层表面拉毛，使前后两层连城一体。

6.16.2.4 抹麦草泥石灰砂浆防护。先在墙面洒水，然后抹麦草泥，其表面不要过于光滑，便于与外层连接。抹麦草泥 3～4 h 后，再抹石灰砂浆保护层，抹完约隔 2～3 h 后，应进一步压实，并使表面平顺光滑。

6.17 喷浆护面

6.17.1 适用条件

喷浆护面分为素喷护面、锚杆挂网喷浆护面和锚杆挂网 TBS 有机质基材喷播植草护面。适用于坡率小于 1：0.75 的土质或岩质边坡。

素喷护面可用于坡率小于 1：0.5，易风化但未遭受强风化的岩石边坡，不宜在成岩差和土质边坡上采用。

锚杆挂网喷浆、锚杆挂网喷混凝土护面可用于坡面为碎裂结构的硬质岩石或层状结构的不连续地层以及坡面岩石与基岩分开并有可能下滑的挖方边坡。

锚杆挂网喷播植物护面适用于易风化但稳定的可以绿化的边坡。

设计图详见图例中图 60—图 62 和表 45。

6.17.2 技术要求

6.17.2.1 本图集中护面均为构造设计，如为不稳定边坡、地下水发育的边坡、成岩作用差的土质边坡时，均应进行边坡稳定性计算，增加其他工程处理措施后方可选用。

6.17.2.2 材料要求：砂浆强度等级不宜低于 MI0，混凝土强度等级不宜低于 C15，锚杆宜为 HRB335 钢筋，有机质基材为厂家成品，应根据当地厂家和业主要求进行调整。

6.17.2.3 采用喷射水泥砂浆防护时，厚度不宜小于 50 mm，砂浆强度等级不应低于 M10。采用喷射混凝土防护时，厚度不宜小于 80 mm，混凝土强度等级不应低于 C15。

6.17.2.4 针对锚杆挂网喷浆护面，锚杆应嵌入稳固基岩内，锚固深度应依据岩体性质确定，且不小于 1～2 m。锚孔深度应比锚固深度深 20 cm。钢筋网喷射混凝土支护厚度不应小于 100 mm，且不应大于 250 mm，混凝土强度不应低于 C15。钢筋保护层厚度不应小于 20 mm。

6.17.2.5 设置要求：喷浆、喷混凝土厚度，锚杆间距，钢筋网大小及间距可根据工程情况由选用人员调整，并对坡面渗水处进行特殊处理；年平均降水量大于 400 m 或坡高较高的地区宜在坡脚设置高 1～2 m 的浆砌石护坡或挡土墙进行坡脚防护，亦可设置截排水渠基础。喷浆护面宜设置泄水孔和伸缩缝。

6.17.2.6 施工技术要求：喷护前须将边坡表面风化物、松浮石块和杂草树根等清除干净；在初凝后的第一次喷水养生时，要注意防止压力水冲坏喷浆面。挂网锚固钢筋采用风钻成孔，并注入 M30 砂浆锚固，锚筋间距为 2 m。钢筋网的纵向钢筋、横向钢筋、锚杆等应作防腐处理；面刷环氧富锌底漆两道。

6.18 锚杆钢筋混凝土护面

6.18.1 适用条件

锚杆钢筋混凝土护面适用于高陡岩石边坡。坡体中无不良结构面、风化破碎的岩石边坡，宜采用非预应力锚杆；对于边坡中存在不良结构面、具有潜在破坏或滑动面的岩石边坡，宜采用预应力锚索结构。边坡坡率以不大于 1∶0.3 为宜。

设计图详见图例中图 63。

6.18.2 结构形式

系统锚杆：

（1）系统锚杆为全长粘接结构锚杆，锚杆长度为 3～5 m，间距为 1.5～4 m。锚杆钢筋保护层厚度不小于 20 mm，设计抗拔力不小于 5 t。

（2）注浆材料宜选用水泥砂浆、水泥浆，其设计强度不低于 M20。

（3）护面采用钢筋混凝土，其强度不低于 C25，宽度宜小于 5 m，厚度宜为 15～20 cm。

预应力锚杆：

（1）预应力锚杆的长度、间距应根据地质情况确定。锚索间距一般不小于 2.5 m，一般为 3～6 m；锚固体上覆盖层厚度不应小于 4 m，也不宜超过 10 m；锚杆自由端长度不宜小于 5 m，其自由端长度应超过破裂面 1～2 m。

（2）锚杆孔应根据设计锚固力、地形形状、锚杆材料来确定，预应力赶紧的保护层厚度不应小于 20 mm，锚孔直径一般为 100～150 mm。

（3）预应力锚杆的锚固段注浆材料宜选用水泥浆、水泥砂浆，设计强度不低于 30 MPa。

6.18.3 技术要求

（1）钢筋混凝土护面距管线的安全距离不低于 0.5 m。锚杆距管沟沟壁的安全距离不应小于 1.5 m。

（2）护面底部应置于稳定完整的基岩上，钢筋混凝土护面纵向上不应有边坡、拐点，应一坡到顶。

（3）钢筋混凝土护面与管线之间采用细土分层夯实，夯实系数不小于 0.9。

（4）为防止护面下部的回填土流失，护面可与截水墙配合使用，截水墙间距宜为 10～15 m 一道，可采用浆砌石或混凝土结构。

6.19 抹面护坡

6.19.1 适用条件

适用于易于风化的岩石边坡防护，可用混合材料抹面。抹面的边坡坡度不受限制，不能担负载荷，也不能承受土压力。坡面应平整干燥。

设计图详见图例中图 64。

6.19.2　技术要求

（1）抹面厚度宜为 3～7 cm。

（2）抹面工程的周边与未防护边坡的衔接处，应严格封闭，如在坡顶可做小型排水沟封顶，沟宽及深度为 20 cm，沟底及沟边用石灰炉渣抹面，厚 10 cm。也可采用凿槽嵌入岩石内，嵌入深度不小于 10 cm，并与顶面平顺。在软硬岩层相同的边坡上，仅对软岩层抹面时，在软硬岩层分界处，抹面应嵌入硬岩层内至少 10 cm。

（3）大面积抹面时，每隔 5～10 m 应设置伸缩缝，伸缩缝宽 1～2 cm，内部用沥青麻筋或油毡填充紧密。

（4）为了防止抹面表面开裂，增强抗冲蚀能力，可在表面涂沥青保护层。

6.20　混凝土预制块护坡

6.20.1　适用条件

混凝土预制块护坡适用于易风化的软质岩石、破碎不严重的硬质岩石边坡和边坡稳定的土质边坡。边坡坡度不宜陡于 1:0.5。在石料缺乏的地区，采用水泥混凝土预制块护坡，具有一定的优越性。

设计图详见图例中图 65。

6.20.2　技术要求

6.20.2.1　混凝土预制块，一般地区采用 C15 混凝土，在严寒地区可提高到 C20 混凝土。为了提高混凝土的耐冻性和防渗性，应按不同水泥成分加入适量的外加剂。

6.20.2.2　混凝土块厚度不应小于 6 cm，边长宜采用 0.4～0.6 m。当边长大于 0.6 m 时，应配置构造钢筋。

6.20.2.3　预制块砌缝宽度宜为 1～2 cm，并用沥青麻筋、水泥砂浆或聚合物材料填塞。

6.20.2.4　预制块护坡底下面应设置碎石、砂砾垫层或土工织物。垫层厚度为：干燥边坡 10～15 cm；较湿边坡 15～25 cm；潮湿边坡 25～35 cm。

6.21　生态袋坡面散流

6.21.1　适用条件

适用于纵坡坡度为 5°～25° 的粉（中、细）砂、粉土、细黏土坡面水毁防护。

设计图详见图例中图 66。

6.21.2 技术要求

6.21.2.1 生态袋坡面散流系统以 30 m 为一个散流单元,一个或多个散流单元组成一个同坡向的坡面散流系统。

6.21.2.2 散流单元由顺坡向的 U 型沟和与 U 型沟夹角为 75°～85° 的 L 型沟组成;U 型沟的过水净断面的宽度和高度分别为 0.5 m 和 0.3 m,L 型沟的过水净断面的宽度和高度分别为 0.33 m 和 0.15 m。其中,L 型沟的斜向间距与截水墙的斜向间距相同,沟内纵坡 1%～3%,从管道施工作业带的较高一侧坡向作用带外较低处(采用"八"字出口散排到作用带之外或排入天然水沟)或 U 型沟内,其作用是截断和收集坡面汇水,减小坡面汇水面积和水量,增加雨水下渗量,并将多余汇水排入作业带之外或 U 型沟;U 型沟应设置在回填完后作用带坡面的凹部(低洼处),收集 L 型沟排入的雨水,并引入到作用带外的天然排水沟或做"八"字出口散排。

6.22 灰土干打垒

6.22.1 适用条件

一般适用于黄土区陡坎、高陡斜坡。取材方便、施工工艺简单、治理效果较好、具有一定的生态恢复性。

设计图详见图例中图 67、图 68 和表 46、表 47。

6.22.2 技术要求

(1)应先施工下部脚墙(挡墙),当脚墙(挡墙)强度达到设计强度的 70% 后,方可施工上部干打垒。

(2)施工干打垒时,应事先清除陡坎上的植被等,并根据陡坎高度、埂坎外侧坡度 α 和干打垒处理深度修整陡坎斜坡。

(3)施工用土以沙质黏土为最佳,可以采用新鲜黄土或黏土,不应采用含淤泥、腐殖土、冻土、膨胀土和有机物质土作为填土材料。

(4)施工用土应事先粉碎,然后加入 30% 的经过消化的石灰,并拌和均匀。

(5)施工前应测定土体含水量,并根据最优含水量进行配料,土体的含水率以 15%～20% 为宜,现场简易试验办法是用手抓一把,能捏成团,但又不粘手,将手松开,落地散开,即为合格。

(6)为增加土体的抗拉强度,干打垒施工中应加筋,筋体可采用稻草编织的草绳,草绳应编织紧密,且直径不应小于 3 cm;筋体应沿干打垒斜坡的顺向和纵向均匀布置,间距 50 cm,每隔

20～25 cm 布置一层。

（7）夯填时在埂坎外侧每隔 1.5 m 埋设一根立柱，两立柱与埂坎之间放置木椽，高度以放置两椽为宜；木椽应保证平整、顺直；随道埂坎夯填升高，取下方木椽逐级向上安装，埂坎坡度采用木楔夹在立柱与木椽之间控制。

（8）木椽安放好后，分层夯填，每层铺厚度 18 cm，用刮板找平，夯实后厚度不应大于 10 cm，土方回填压实系数大于 0.93。

（9）干打垒的土体的夯实深度为 2 m，采用机械打夯机进行夯实。

（10）每板接头处，上下层的接头处，均应错开不小于 50 cm。

（11）干打垒每天的夯建高度不宜超过三板高度（约为 1.5 m 左右）。

（12）干打垒边埂最大外侧坡度见图例中表 47。

7 黄土塌陷冲蚀与微地貌防护

7.1 沟埂式防护

7.1.1 适用条件

沟埂防护是一种沿沟头等高线布设的更高截水沟埂，视沟头坡面完整或破碎情况，做成连续围堰式或断续围堰式。连续围堰式的特点是：沟埂大致平行，沿等高线连续布设，在沟埂内侧每个 5～10 m 筑一截水墙横档，以防因截水沟不水平造成拦蓄径流集中，出现冲刷、决口。断续围堰式的特点是：沿沟头等高线布设上限两道互相错开的围堰，每段围堰可长可短，视地形破碎程度而定。前者适用于沟头坡面平缓的地面，后者适用于沟头地面破碎，坡度变化较大，平均坡度在 15° 左右的丘陵地带沟头。

设计图详见图例中图 69。

7.1.2 技术要求

7.1.2.1 沟头防护埂坎距沟沿要有一定的安全距离 L，其大小以埂坎内蓄水发生渗透式不致引起岸坡滑塌为原则。通常取 $L =$（2～3）H（H 为沟头深度）。

7.1.2.2　在黄土地区，沟坡较陡时，要注意沟坡上是否存在陷穴或垂直裂缝，若存在，L 取值应大些，以保证安全。同时还需注意不对管道安全产生不利影响。

7.1.2.3　初步设计时，可取沟埂顶宽为 0.5 m，内外边坡坡率为 1:1，埂高 0.5～1.2 m。

7.2　池埂结合式防护

7.2.1　适用条件

在沟头附近设有蓄水池，与沿等高线布设的沟头围埝相结合的一种防护形式。蓄水池可根据沟头附近地形，选择低洼处，布设 1 个或 2 个，也可布设水窖代替蓄水池。

设计图详见图例中图 70。

7.2.2　技术要求

可参照 7.1.2。

7.3　跌水组合

7.3.1　适用条件

跌水主要用于黄土地区沟头侵蚀防护，用以防治坡面径流下泄、侵蚀引起的沟头前进、沟道下切和沟岸扩张，改善生态环境，直接或间接保护管道安全，主要分为悬臂式跌水、台阶式跌水等类型。

设计图详见图例中图 71—图 74。

7.3.1.1　悬臂式跌水

悬臂式跌水是在冲沟头径流集中处用混凝土管将径流集中导向冲沟下方的一种形式，一般适用于流量较小、沟头下方落差相对较大（数米至数十米）、沟底土质较好和沟头坡度较陡的情况。

7.3.1.2　台阶式跌水

台阶式跌水适用于冲沟坡度较缓、落差较小、流量较大的情况。根据沟头地面坡度的变化特点及落差大小，台阶式跌水又可分为以下 3 种形式：

（1）单级跌水：单级跌水其特点是水流一次直接跌入消力池，通常用在沟头坡度相对较陡、落差较小（4～5 m）、土质坚固的沟头。

（2）多级跌水：多级跌水，其特点是水流经多个台阶最后跌入消力池，在沟头落差较大、地面坡度较缓、土质不良的沟头选用较宜。

（3）陡坡跌水：陡坡跌水其特点是水流由沟头经一陡槽下泄后跌入消力池，在沟头落差较大（大于5 m）、土质良好时选用。

7.3.2 技术要求

7.3.2.1 跌水台阶的高度，可根据地形、地质等条件而定，一般不应大于0.5～0.6 m，通常取0.3～0.4 m，多级台阶的各级高度，可以相同也可以不同，其高度与长度之比，应与原地面坡度相适应。

7.3.2.2 跌水可用砖或片石浆砌，必要时可用混凝土浇筑。沟槽槽壁及消力池的边墙厚度为：浆砌片石为0.25～0.4 m，混凝土为0.2 m，高度应高出计算水位最少0.2 m，沟槽底厚度为0.25～0.40 m，出口部分设置隔水墙。

7.3.2.3 设有消力槛时，槛顶宽不小于0.4 m，并设有尺寸为

5 cm×5 cm～10 cm×10 cm的泄水孔，以排除消力池内的积水。

7.3.2.4 跌水槽一般砌成矩形。如跌水高度不大、槽底纵坡较缓，可采用梯形。梯形跌水槽身，应在台阶前0.5～1.0 m和台阶后1.0～1.5 m范围内进行加固。

7.3.2.5 跌水砌筑砂浆采用M7.5，石料强度不小于MU30。

7.3.2.6 跌水的进出口应做成"八"字形，并设置厚度不小于0.3 m，长度不小于10 m的干砌石护底。

7.4 坡面导流堤

7.4.1 适用条件

主要用于黄土地区长缓斜坡水土侵蚀防护，尤其适用于可能存在水土流失的大面积斜坡面，防止坡面雨水汇流后大型冲沟的发育，同时可改善生态环境，直接或间接保护管道安全。

设计图详见图例中图75和表48、表49。

7.4.2 技术要求

（1）导流堤采用C15混凝土浇筑；

（2）当导流堤跨越管道时设置30 cm厚过水面，过水面从下到上依次为10 cm厚碎石垫层、20 cm厚C15混凝土；

（3）导流堤每隔 8～12 m 设置一道 2 cm 宽伸缩缝，伸缩缝由沥青木板或沥青玛蹄脂填充，填塞深度不小于 20 cm；

（4）导流堤开挖临时放坡坡比原则上为 1:0.5，在不垮塌的情况下可适当加大坡比；

（5）导流堤基础开挖后应整平拍实，换填的三七灰土应夯填密实，压实度不小于 0.90；

（6）导流堤基槽应分层夯实回填，分层厚度不大于 25 cm，压实度不小于 0.90；

（7）导流堤平面位置可根据现场微地形作适当调整，但应保证线形连续，并不形成反向纵坡；

（8）当纵坡大于 5% 时基础应设置为阶梯状，阶梯每级高度不大于 20 cm。

7.5 草袋素土挡墙

7.5.1 适用条件

该挡墙适用于黄土地区，不适用于特殊地区，如膨胀土、盐渍土、软土和病害地区，活动断裂带、滑坡去和泥石流区。

设计图详见图例中图 76 和表 50。

7.5.2 结构形式及材料要求

结构形式为素土草袋码砌。土料就地取材，不应含有大块土和碎石，码砌不应形成纵向通缝，每层草袋码砌完毕，应经过简单压实后，方可码砌上一层草袋。每个草袋体积为 0.7 m×0.5 m×0.2 m，实际填料体积按草袋体积的 70% 计。

7.5.3 地基要求

未风化的硬质岩和软质岩，中密以上的碎石土、密实的砂土、老黏土、孔隙比小于 1 的一般硬塑黏土和黄土。不适用于新近沉积的黏性土和软土。基础应置于老土上，严禁放在软土、松土或未经处理的回填土上。基础置于斜坡上时，基础结构的边缘距临空面的安全距离不应小于 3 m。

7.5.4 墙后填料要求

墙后填土应分层夯实，注意墙身不要受夯击影像，夯实度不小于 0.85。墙后填料就地取材为主，尽量选择透水性较强的填料。当采用黏性土作为回填料时，应掺入适量的石块。

7.6　粒度改良

7.6.1　适用条件

适用于黄土区管沟塌陷、水土流失的治理。适用于油气站场湿陷性黄土地基的不均匀沉降处理，含水量高于 30%、湿陷性黄土深度超过 5 m 的场地不宜使用。

设计图详见图例中图 77 和表 51。

7.6.2　技术要求

7.6.2.1　在原黄土中添加适当比例的细砂或中砂，换填原不良管沟或站场地基黄土。

7.6.2.2　针对黄土管沟，直接换填原管沟黄土并夯实。

7.6.2.3　针对油气站场，换填的厚度应根据置换原湿陷性黄土的深度以及下卧土层的承载力确定，厚度不宜小于 0.5 m，且不宜大于 3 m。

7.6.2.4　换填后需夯实，夯实系数详见图 77 和表 5-1。

7.7　胶结改良

7.7.1　适用条件

胶结改良适用于黄土区管沟塌陷、水土流失的治理。适用于油气站场湿陷性黄土地基的不均匀沉降处理，含水量高于 30% 的场地不宜使用。

根据采用胶结物的不同，胶结改良方法可分为灰土改良和水泥土改良两种。

设计图详见图例中图 78 和表 52、表 53。

7.7.2　技术要求

7.7.2.1　灰土改良

（1）石灰土改良的施工方法与粒度改良相同。

（2）石灰的配比应按照场地湿陷性强弱确定，湿陷性较强的场地配比应适当提高。

（3）石灰土具有弱碱性，对于腐蚀要求较高的金属和管线设备应当进行必要的防护或者石灰土处理范围距离该设备 500 mm 以上。

7.7.2.2 水泥土改良

（1）水泥土改良的施工方法与粒度改良相同。

（2）水泥的配比应按照场地湿陷性强弱确定，湿陷性较强的场地配比应适当提高。

（3）若场地含水量低于10%，宜进行湿化处理后再施工。

（4）水泥土稳定需要一定时间，其参数测试应当在施工结束后2周左右进行。

7.8 生石灰桩挤密加固

7.8.1 适用条件

适用于油气站场湿陷性黄土地基的不均匀沉降及建构筑物纠偏处理。

设计图详见图例中图79。

7.8.2 技术要求

7.8.2.1 成孔工艺

（1）成孔工艺为人工成孔，采用设备为洛阳铲，孔径一般为150 mm，桩长不小于3 m，桩间距0.8～1.2 m。孔壁无缩孔、塌孔情况。

（2）成孔时，地基土宜接近最优（或塑限）含水量，当土的含水量低于12%时，宜对拟处理范围内的土层进行增湿。

（3）成孔和孔内回填夯实的施工顺序，当整片处理时，宜从里（或中间）向外间隔1～2孔进行，对大型工程，可采取分段施工；当局部处理时，宜从外向里间隔1～2孔进行；向孔内填料前，孔底应夯实，并应抽样检查桩孔的直径、深度和垂直度；桩孔的垂直度偏差不宜大于1.5%；桩孔中心点的偏差不宜超过桩距设计值的5%；经检验合格后，应按设计要求，向孔内分层填入筛好的生石灰，并应分层夯实至设计标高。

（4）成孔前需准确探明地下管道及光缆位置，成孔过程中注意对管道防腐层及光缆的保护。

7.8.2.2 灰土垫层铺设

（1）桩顶铺设1 m厚三七灰土垫层。

（2）铺设灰土垫层前，应按设计要求将桩顶标高以上的预留松动土层挖除或夯（压）密实。

（3）施工过程中，应有专人监理成孔及回填夯实的质量，并应做好施工记录。如发现地基土质与勘察资料不符，应立即停止施工，待查明情况或采取有效措施处理后，方可继续施工。

7.9 碱液截水墙

7.9.1 适用条件

碱液截水墙法利用碱液自渗加固管沟黄土形成碱液截水墙，可有效防止黄土区油气管道管沟的水土流失，施工工序简单，施工人员作业强度低，与传统管沟截水墙相比，在偏远或砌筑材料相对匮乏的黄土地区修建碱液截水墙具有施工便捷、成本低廉的优势。适用于黄土区管沟塌陷、水土流失的治理。

设计图详见图例中图80。

7.9.2 技术要求

7.9.2.1 成孔工艺

（1）成孔工艺为人工成孔，采用设备为洛阳铲，孔径一般为 100～150 mm，桩底与管底平齐，桩间距 0.8～1.0 m。孔壁无缩孔、塌孔情况。

（2）成孔前需准确探明地下管道及光缆位置，成孔过程中注意对管道防腐层及光缆的保护。

（3）成孔完成后，在孔中填入粒径不大于 10 mm 的均匀石子形成石子渗透层，石子渗透层的顶端距地表 20 cm。将注液管插入孔中。用素土将孔上部填筑密实形成素土密封层。

7.9.2.2 碱液制备及灌浆

（1）配置碱液的原材料主要为水和烧碱，其中烧碱采用 NaOH 质量分数大于 98% 的片碱，碱液截水墙灌注用碱液浓度约为 100 g/L。

（2）碱液配置完成后即可进行灌浆作业。控制灌浆阀门，使碱液灌注速度控制在 2～5 L/min，如平均灌注速度超过 10 L/min，需查明孔洞位置并填实，重新灌液。如灌注速度小于 1 L/min，需查明是否注液管被堵塞或灌注孔中气体不能顺利排出，并及时进行疏导。

（3）灌注完成后，拔出注浆管，进行场地恢复。

7.10 黄土化学泥浆截水墙

7.10.1 适用条件

黄土化学泥浆截水墙法通过不同配比的黄土、水、水玻璃、腐殖酸钠制备而成黄土化学泥浆制作管沟截水墙，实现降低管沟原黄土的渗透性，进而有效防止管沟水土流失目的。可发挥与传统截水墙、管土土置换相同的防止管沟水土流失的效果。较传统的浆砌石截水墙、灰（水泥）土截水墙、管沟土置换等方式，能显著降低管沟渗透性实现管沟防水，无需大量沙石料和人工，工艺简单，成本低廉，尤其在一些砌筑材料相对匮乏的地区，成本优势将更加明显。适用于黄土区管沟塌陷、水土流失的治理。

设计图详见图例中图 81 和表 54。

7.10.2 技术要求

7.10.2.1 管道测定

采用探管仪进行管道测定，标定管道轴线位置及管顶埋深。

7.10.2.2 现场黄土化学泥浆配比试验

在施工场地进行黄土化学泥浆配比试验，试验黄土、水、水玻璃、腐殖酸钠四种材料不同配比下制备的黄土化学泥浆的流动性和固化特性，记录其流动性、凝固时间、凝固后自然塌陷程度。

（1）配比试验的场地要求如下：

1）距离管道轴线不超过 100 m。

2）地表土层类型与施工场地一致。

3）地形起伏情况与施工场地类似。

4）地表植被情况与施工场地类似。

5）无塌陷、孔洞或地裂缝等不良工程地质现象。

（2）配比试验选定的泥浆理想物理状态如下：

1）流动性：可流淌，半流动、欠流动、无法流动。理想状态为欠流动。

2）凝固时间：搅拌完成至单脚踩无显著踏痕时为凝固时间，单位为小时。理想状态为不大于 2 h。

3）凝固后自然塌陷程度：显著塌陷、一般塌陷、轻微塌陷、无塌陷。理想情况为轻微塌陷和无塌陷。

7.10.2.3 截水墙开挖

采用人工挖掘方式开挖截水墙。截水墙呈矩形，长边与管道轴线垂直，长 3.5～6.0 m，宽 0.8～1.0 m，截水墙底与管底平齐。截水墙间距 5～10 m。在截水墙四周设置警戒标识，防止人畜跌入。

7.10.2.4 管道外防腐层检测及修复

截水墙开挖后,对管道防腐层进行专业检测,如检测出管道外防腐层有损伤现象,应进行修复处理。

7.10.2.5 黄土化学泥浆制备

按照配比试验确定的黄土、水、水玻璃、腐殖酸钠配比进行黄土化学泥浆制备。制备过程中需要注意:

(1)为达到充分搅拌混合的目的,需采用混凝土搅拌机进行泥浆搅拌制备;

(2)搅拌料放入顺序为:黄土、水、水玻璃、腐殖酸钠;

(3)先将黄土过筛,过筛后的黄土允许存在一定粗颗粒,但粉末状的黄土占比要达到90%以上;

(4)黄土可一次性放入,随后开启搅拌机。泥浆倒入截水墙前搅拌机不能停机;

(5)水分不少于3次放入,间隔时间不小于5 min;

(6)水玻璃不少于3次放入,间隔时间不小于5 min,由人工采用铁锹、瓢盆等器具撒入;

(7)腐殖酸钠不少于3次放入,间隔时间不小于5 min,由人工采用铁锹、瓢盆等器具撒入。

7.10.2.6 灌浆

将制备好的泥浆缓慢倒入开挖好的截水墙内,保证泥浆面距离地表20 cm。

7.10.2.7 地貌恢复

待泥浆表面无水析出后夯填原黄土至地表。1个月后拆除警戒标识。

8 管体主动保护

8.1 草袋素土管堤

8.1.1 适用条件

Ⅰ型草袋素土管堤适用于管道埋深较浅的农田地段,Ⅱ型草袋素土管堤适用于管道埋深较浅的黄土、荒漠地段。

设计图详见图例中图82。

8.1.2 技术要求

8.1.2.1 草袋分两层码砌，不应形成通缝。在临空面的草袋内搅拌在当地适合且容易生长的草籽。

8.1.2.2 地基要求：应置于老土层内，严禁放在软土、松土或未经处理的回填土上，基坑内虚土回填应分层夯实。

8.1.2.3 单层铺砌草袋素土，厚度为 0.4 m，铺砌时要进行简单压实，土料就地取材，不应装填块石土，碎石含量不应超过 10%，草袋规格可选用 0.5 m×0.7 m×0.2 m（装满土后），实际装填体积按 70% 计。

8.1.2.4 Ⅱ型草袋素土管堤两侧用草袋码砌，中间部分采用素土分层夯实，夯实系数不小于 0.90。

8.1.2.5 草袋素土管堤基底面积在底宽基础上两侧各增加 1 m。

8.2 钢筋混凝土盖板

8.2.1 适用条件

钢筋混凝土盖板适用于穿越农田区、农用道路的管道保护，可分为地下式和地表式。

设计图详见图例中图 83、图 84。

8.2.2 技术要求

8.2.2.1 钢筋混凝土盖板采用预制法制作，制作严格按照有关钢筋混凝土技术规程进行，且应养护 28 d 达到设计强度后方可吊装埋设，混凝土强度等级宜为 C25，钢筋保护层厚度宜为 35 mm，盖板闭合框架内的主要受力钢筋采用点焊处理。

8.2.2.2 基础开挖后，清理盖板底部石块，用细土找平，采用压实法进行压实处理，保证底部平顺，管线两侧土的压实系数不小于 0.95，管线上方土压实系数应大于 0.93。

8.2.2.3 现场施工时，盖板中心应与管道中部对齐，盖板纵向与管道方向垂直，盖板埋设完成后，顶部填原开挖材料并适当夯实，施工现场恢复原貌。

8.3 钢筋混凝土 U 型盖板

8.3.1 适用条件

钢筋混凝土 U 型盖板适用于管道埋深较浅地段安全防护。

设计图详见图例中图 85、图 86。

8.3.2 技术要求

8.3.2.1 钢筋混凝土 U 型盖板每块长度为 1.0 m。

8.3.2.2 U 型盖板采用预制法制作，混凝土强度等级不低于 C25，其中吊环钢筋宜为 HPB300，其余钢筋可为 HRB335，钢筋混凝土 U 型盖板应养护 28 d 且达到设计强度后方可吊装。

8.3.2.3 U 型盖板铺设前采用人工开挖管沟，不应伤及管道及防腐层，开挖深度为管径的 1/2 处，开挖完毕将橡胶板铺设于管道上，然后方可吊装钢筋混凝土 U 型盖板，最后将开挖原土回填于管沟，并适当压实，保证管道上方覆土厚度不小于 40 cm。

8.4 钢筋混凝土箱涵

8.4.1 适用条件

钢筋混凝土箱涵适用于有重车经过的道路、砂砾石含量较高的河沟道以及稀性泥石流流通区沟道。设计图详见图例中图 87。

8.4.2 技术要求

8.4.2.1 由于施工扰动、虚铺的土层进行分层夯实，夯实系数不

小于 0.90；如果施工造成管道暴露，应对管道采取 8 mm 厚橡胶板包裹。

8.4.2.2 盖板采用预制法制作，混凝土强度等级不低于 C25，其中吊环钢筋的型号宜为 HPB300，其余钢筋均可为 HRB335，钢筋混凝土盖板应养护 28 d 且达到设计强度方可吊装。

8.4.2.3 侧墙墙身采用强度不小于 MU30 的硬质块石或片石，厚度不小于 150 mm，严禁使用风化石，砂浆 M7.5 砌筑，不应形成通缝。

8.5 混凝土浇筑稳管

8.5.1 适用条件

混凝土连续浇筑是针对管线穿越河沟道的敷设方式所设计的一种永久性护底措施，适用于各类岩质河沟床。其目的是防止因河沟道的水流冲刷下切作用而使管线暴露的危险情况出现。同时，砼浇筑还可以起到稳管的作用。因此，砼浇筑只应用于有明显冲刷作用的石方河沟道。当管线未完全进入基岩时，应用其他防护形式，不宜采用此方案。

设计图详见图例中图 88。

8.5.2 技术要求

8.5.2.1 原则上位于管道穿越的主河沟道，河漫滩可以不做。混凝土浇筑形式为全管沟浇筑，混凝土应与稳定的岩石壁粘结紧密。

8.5.2.2 混凝土强度等级不宜低于 C20，不宜带水作业。

8.5.2.3 混凝土浇筑前，应进行沟底清理，并清除沟壁松动块石和浮土。

8.5.2.4 应对暴露的管道采取 8 mm 厚橡胶板包裹。

8.5.2.5 混凝土顶面以上的管沟回填采用原状土，以块石土为宜。

8.6 水工挡墙涵洞

8.6.1 适用条件

当管道穿越台田地坎时，水工挡墙跨越管道设置，为了保证水工挡墙自重载荷不施加给管道。

设计图详见图例中图 89 和表 55。

8.6.2 技术要求

8.6.2.1 涵洞长、宽应根据上部挡墙基础宽而定，原则上涵洞宽的两侧应各比上部挡墙宽 20 cm。

8.6.2.2 涵洞应设置伸缩缝，缝宽 2 cm，缝内填塞沥青麻筋，深度不小于 30 cm。

图　例

重力式挡土墙

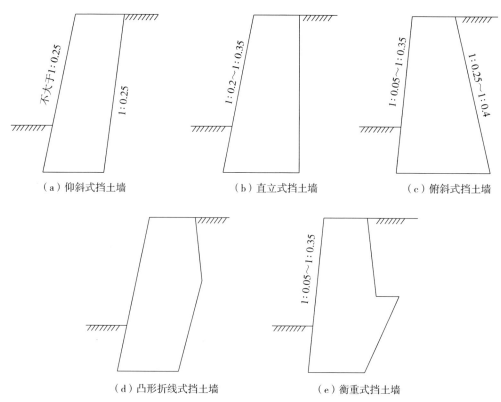

图 1　重力式挡土墙样式示意图

设计示例 1：直立式和倾斜式浆砌石挡土墙

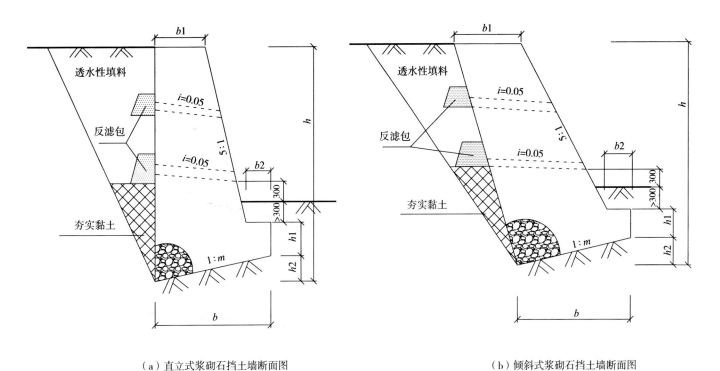

（a）直立式浆砌石挡土墙断面图　　　　　　　　　　（b）倾斜式浆砌石挡土墙断面图

说明：
挡土墙基底坡率为1:m，当基底为土质地基时取1:5，为岩石地基时取1:10。

图 2　直立式和倾斜式浆砌石挡土墙断面图

表1 断面尺寸及主要工程量（直立式浆砌石挡土墙）

土壤内摩擦角		断面尺寸 /mm						每延米体积 / m³	#425 水泥质量 /kg	每延米块石体积 /m³	细砂体积 / m³
摩擦角度	土壤类别	h	b	$b1$	$b2$	$h1$	$h2$				
$\phi=30°$	黏性土	2000	1100	490	170	400	220	1.54	182	1.73	0.71
		3000	1380	510	190	450	280	2.74	324	3.07	1.25
		4000	1750	630	210	500	350	4.60	543	5.16	2.11
		5000	2180	810	230	550	440	7.21	852	8.09	3.30
		6000	2550	930	250	600	510	10.80	1275	12.11	4.95
		7000	2930	1050	270	650	590	13.44	1587	15.08	6.16
		8000	3300	1170	290	700	660	17.28	2041	19.39	7.91
$\phi=35°$	黏性土 砂类土	2000	1100	490	170	400	220	1.54	182	1.73	0.71
		3000	1360	490	190	450	270	2.69	318	3.02	1.23
		4000	1620	490	210	500	320	4.10	484	4.60	1.88
		5000	1990	610	230	550	400	6.30	744	7.07	2.89
	砂类土	6000	2340	700	250	600	470	10.48	1238	11.76	4.80
		7000	2680	790	270	650	540	11.76	1389	13.19	5.39
		8000	3020	880	290	700	600	15.11	1784	16.95	6.92
$\phi=40°$	干黏土类 碎石土	2000	1200	490	170	400	180	1.67	197	1.87	0.76
		3000	1510	490	190	450	230	2.95	348	3.31	1.35
		4000	1820	490	210	500	270	4.55	537	5.11	2.08
		5000	2130	490	230	550	320	6.45	762	7.24	2.95
		6000	2430	490	250	600	360	8.63	1019	9.68	3.95
		7000	2740	490	270	650	410	11.13	1314	12.49	5.10
		8000	3050	490	290	700	460	13.95	1647	15.65	6.39

表 2 断面尺寸及主要工程量（倾斜式浆砌石挡土墙）

土壤内摩擦角		断面尺寸 /mm						每延米体积 / m³	#425 水泥质量 /kg	每延米块石体积 /m³	细砂体积 / m³
摩擦角度	土壤类别	h	b	$b1$	$b2$	$h1$	$h2$				
$\phi=30°$	黏性土	2000	670	540	170	400	130	1.22	144	1.37	0.56
		3000	870	720	190	450	170	2.40	283	2.69	1.10
		4000	1070	910	210	500	210	3.95	466	4.43	1.81
		5000	1340	1170	230	550	270	6.22	735	6.98	2.85
		6000	1550	1380	250	600	310	8.70	1027	9.76	3.98
		7000	1760	1580	270	650	350	11.56	1365	12.97	5.29
		8000	1980	1780	290	700	400	14.85	1754	16.66	6.80
		9000	2090	2290	310	750	460	19.46	2298	21.83	8.94
		10000	2310	2520	340	800	500	24.10	2846	27.04	11.03
$\phi=35°$	黏性土 砂类土	2000	640	500	170	400	130	1.17	138	1.31	0.54
		3000	730	580	190	450	150	1.99	235	2.23	0.91
		4000	900	740	210	500	180	3.31	391	3.71	1.52
		5000	1130	960	230	550	230	5.22	616	5.86	2.39

表2（续）

土壤内摩擦角		断面尺寸 /mm						每延米体积 / m³	#425 水泥 质量 /kg	每延米块石 体积 /m³	细砂体积 / m³
摩擦角度	土壤类别	h	b	b1	b2	h1	h2				
$\phi=35°$	砂类土	6000	1310	1120	250	600	260	7.27	859	8.16	3.33
		7000	1490	1290	270	650	300	9.68	1143	10.86	4.43
		8000	1670	1460	290	700	330	12.45	1470	13.97	5.70
		9000	1930	1710	310	750	390	16.24	1918	18.22	7.44
		10000	2120	1890	340	800	420	19.88	2348	22.31	9.11
$\phi=40°$	干黏土类 碎石土	2000	640	500	170	400	100	1.15	136	1.29	0.53
		3000	660	500	190	450	100	1.79	211	2.01	0.78
		4000	780	600	210	500	120	2.82	333	3.16	1.29
		5000	960	770	230	550	140	4.38	517	4.91	2.01
		6000	1120	910	250	600	170	6.14	725	6.89	2.81
		7000	1270	1040	270	650	190	8.14	961	9.13	3.73
		8000	1410	1170	290	700	210	10.37	1225	11.64	4.75
		9000	1640	1390	310	750	250	13.66	1613	15.33	6.26

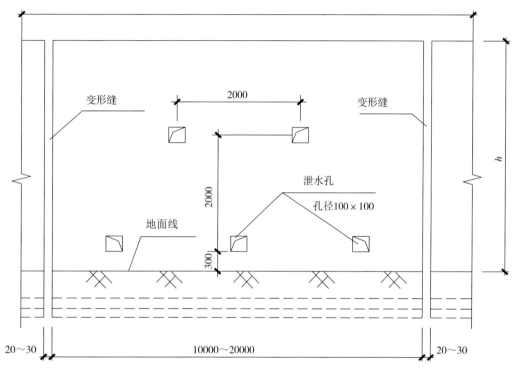

图 3　重力式挡土墙立面图

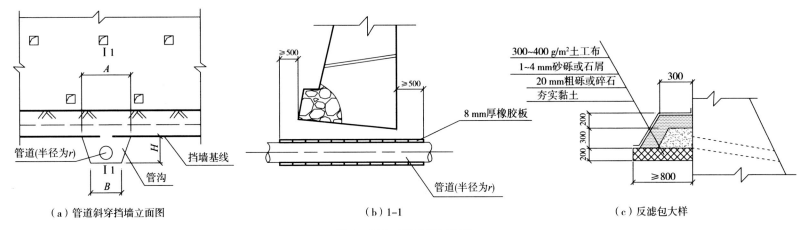

（a）管道斜穿挡墙立面图　　　　　　　　（b）1-1　　　　　　　　（c）反滤包大样

图 4　重力式挡土墙示意图

设计示例 2：直立式混凝土挡土墙

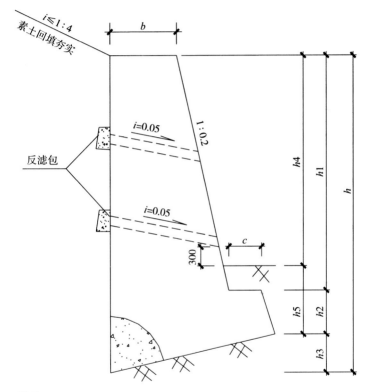

说明：
挡墙立面、管线斜穿挡墙底及泄水孔大样图参见设计示例1。

图5 直立式混凝土挡土墙断面图

表3　直立式混凝土挡墙断面尺寸及主要工程量（每延米）

h4/m	h5/m	h1/m	h2/m	h3/m	h/m	b/m	c/m	体积 /m³
1.0	1.0	2.0	0	0.09	2.09	0.4	0	0.80
1.5	1.0	2.5	0	0.11	2.61	0.6	0	2.19
2.0	1.0	3.0	0	0.13	3.13	0.7	0	3.08
2.5	1.0	3.5	0	0.15	3.65	0.8	0	4.14
3.0	1.5	4.1	0.4	0.21	4.71	0.8	0.10	6.00
3.5	1.5	4.6	0.4	0.24	5.24	0.8	0.25	7.02
4.0	1.5	4.8	0.7	0.28	5.78	0.8	0.40	8.24
4.5	1.5	5.2	0.8	0.30	6.30	0.8	0.45	9.36
5.0	1.5	5.5	1.0	0.31	6.83	0.8	0.50	10.60
6.0	2.0	6.5	1.0	0.35	7.85	0.8	0.50	12.84
7.0	2.0	7.5	1.0	0.40	8.90	0.8	0.50	15.04
8.0	2.0	8.5	1.0	0.50	10	0.8	0.50	17.24

薄壁式挡土墙

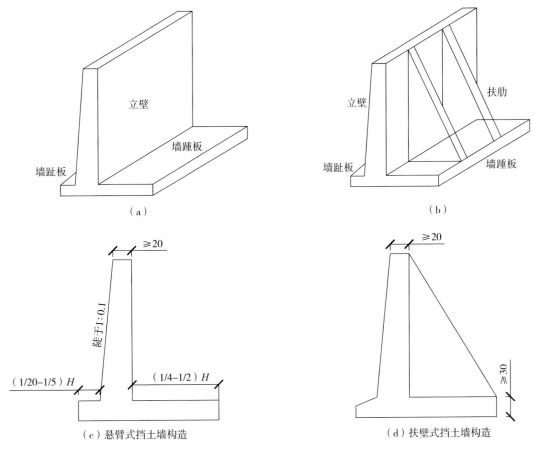

（a）

（b）

（c）悬臂式挡土墙构造

（d）扶壁式挡土墙构造

图6　薄壁式挡土墙示意图

浆砌石坡式护岸

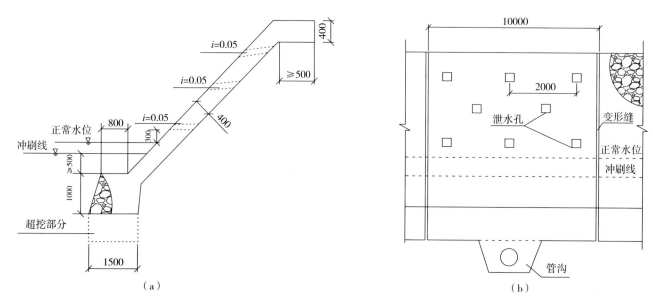

图7 浆砌石坡式护岸

表4 浆砌石坡式护岸主要工程量块石/每延米（m³）

基墩	1.3
坡面（1 m长）	0.40
坡顶（0.5 m长）	0.20

干砌石坡式护岸

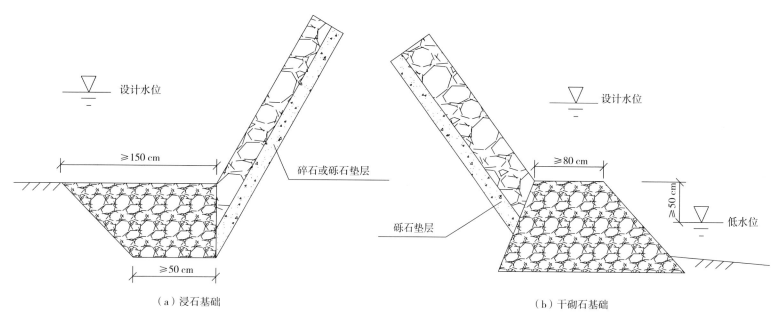

（a）浸石基础

（b）干砌石基础

图 8 干砌石坡式护岸示意图

挡墙式护岸

设计示例 1：浆砌石挡墙式护岸

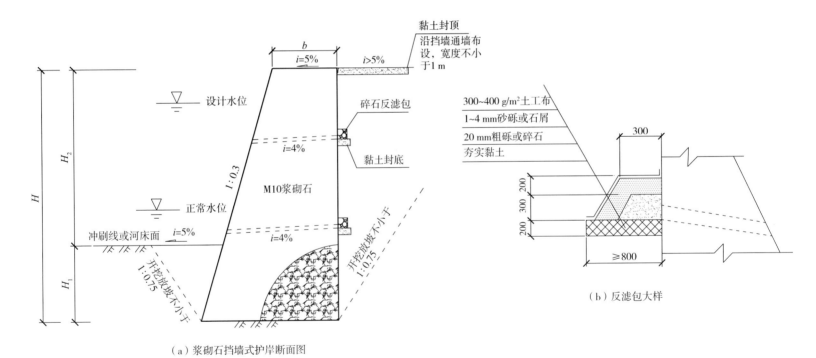

（a）浆砌石挡墙式护岸断面图

（b）反滤包大样

图9　浆砌石挡墙式护岸（一）

表5 浆砌石挡墙式护岸断面尺寸及主要工程量（每延米）

墙总高 H/m	墙顶宽 b/m	M10 浆砌块石 /m³	M10 砂浆抹面 /m²	沥青木板 / m²	土方开挖 $H1$=1.5m/m³	土方回填 $H1$=1.5m/m³	土方开挖 $H1$=2.0m/m³	土方回填 $H1$=2.0m/m³	土方开挖 $H1$=2.5m/m³	土方回填 $H1$=2.5m/m³
2.5	0.8	2.94	0.8	0.15	6.46	3.53	—	—	—	—
3.0	0.8	3.75	0.8	0.17	8.31	4.56	9.23	5.48	—	—
3.5	0.8	4.64	0.8	0.20	10.41	5.78	11.33	6.69	12.51	7.88
4.0	0.8	5.60	0.8	0.22	12.78	7.18	13.70	8.10	14.88	9.28
4.5	0.8	6.64	0.8	0.24	15.41	8.78	16.33	9.69	17.51	10.88
5.0	1.0	8.75	1.0	0.27	19.31	10.56	20.23	11.48	21.41	12.66
5.5	1.0	10.04	1.0	0.30	22.56	12.53	23.48	13.44	24.66	14.63
6.0	1.0	11.40	1.0	0.32	26.08	14.68	27.00	15.60	28.18	16.78
6.5	1.0	12.84	1.0	0.34	29.86	17.03	30.52	17.76	31.70	18.94
7.0	1.0	14.35	1.0	0.37	33.91	19.56	34.04	19.91	35.22	21.09

设计示例 2：浆砌石挡墙式护岸

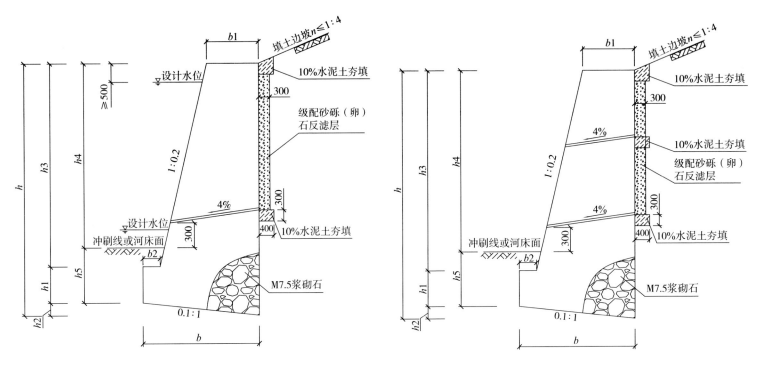

（a）浆砌石挡墙式护岸断面（适用于有水河沟）　　　　　（b）浆砌石挡墙式护岸断面（适用于无水地段）

图 10　浆砌石挡墙式护岸（二）

表6　浆砌石挡墙式护岸断面尺寸及主要工程量（每延米）

$h4$/m	$h5$/m	$b1$/m	b/m	$b2$/m	$h1$/m	$h2$/m	$h3$/m	h/m	体积 /m³
1.0	1.0	0.50	0.9	0	0	0.09	2.0	2.09	1.44
1.5	1.0	0.60	1.1	0	0	0.11	2.5	2.61	2.19
2.0	1.0	0.70	1.3	0	0	0.13	3.0	3.13	3.08
2.5	1.0	0.80	1.5	0	0	0.15	3.5	3.65	4.14
3.0	1.5	1.05	2.05	0.10	0.40	0.21	4.1	4.71	7.00
3.5	1.5	1.15	2.40	0.25	0.40	0.24	4.6	5.24	8.64
4.0	1.5	1.25	2.75	0.40	0.70	0.28	4.8	5.78	10.56
4.5	1.5	1.35	3.00	0.45	0.85	0.30	5.15	6.30	12.53
5.0	1.5	1.45	3.25	0.50	1.00	0.33	5.5	6.83	14.68

石笼护岸

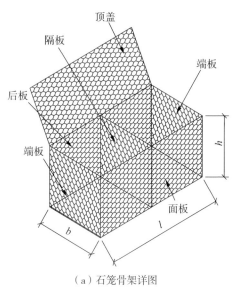

（a）石笼骨架详图

（b）六角形铁丝石笼网孔图

图 11　石笼护岸

表 7　镀锌铁丝（铅丝）石笼断面尺寸及主要工程量

石笼规格	石笼尺寸 /m $l \times b \times h$	表面积 /m²	容量 /m³	石块粒径 /mm	ϕ10 钢筋		ϕ4 铁丝		单体石笼质量 /kg
					长度 /m	质量 /kg	长度 /m	质量 /kg	
Ⅰ	2×1×0.5	7.0	1.0	150-300	33	20.4	141	14.0	34.4
Ⅱ	3×1×0.5	17.0	3.0	150-300	47	29.0	202	20.0	49.0
Ⅲ	3×2×0.5	24.0	4.5	150-300	81	50.0	343	34.0	84.0

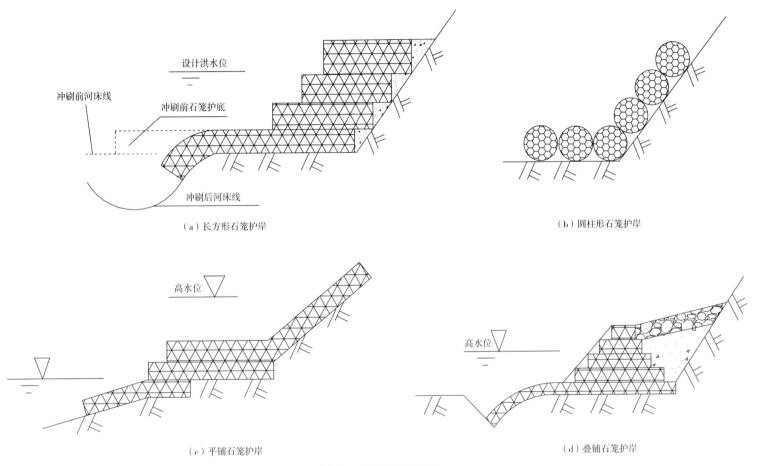

（a）长方形石笼护岸

冲刷前河床线

设计洪水位

冲刷前石笼护底

冲刷后河床线

（b）圆柱形石笼护岸

（c）平铺石笼护岸

高水位

（d）叠铺石笼护岸

高水位

图 12　石笼护岸示意图

石笼挑流坝

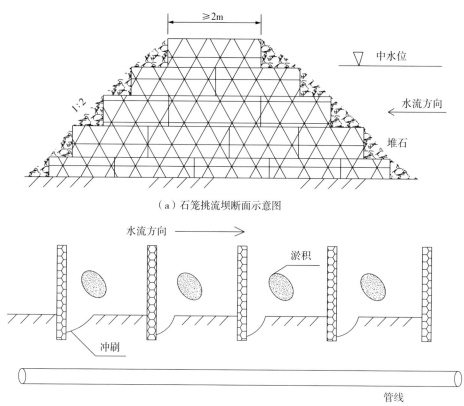

（a）石笼挑流坝断面示意图

（b）垂直式挑流坝示意图

图 13　石笼挑流坝（一）

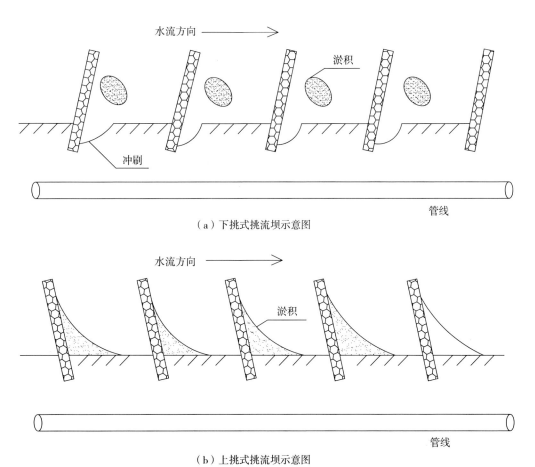

（a）下挑式挑流坝示意图

（b）上挑式挑流坝示意图

图 14 石笼挑流坝（二）

地下防冲墙

设计示例 1: 浆砌石地下防冲墙

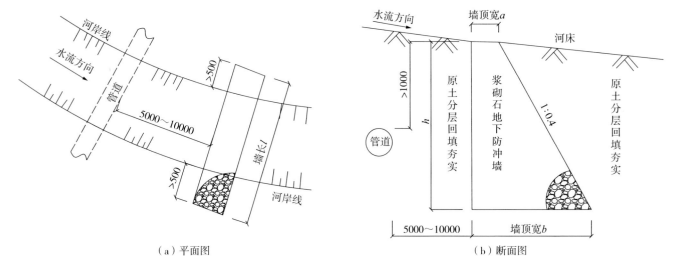

（a）平面图　　　　　　　　（b）断面图

图 15　浆砌石地下防冲墙

表 8　浆砌石地下防冲墙断面尺寸及主要工程量

墙高 /m	墙顶宽 /m	墙底宽 /m	块石 / 每延米（m³）
1.5	0.45	1.05	1.1
2.0	0.60	1.40	2.0
2.5	0.70	1.70	3.0
3.0	0.80	2.00	4.2

设计示例 2：外包钢筋砼浆砌石地下防冲墙

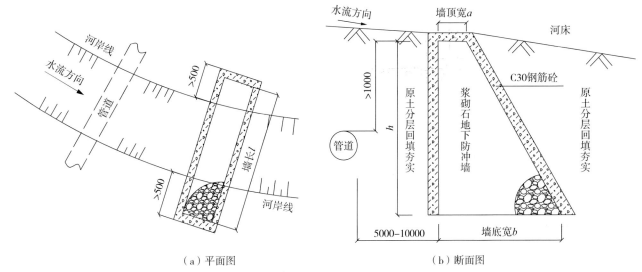

（a）平面图　　　　　　（b）断面图

图 16　外包钢筋砼浆砌石地下防冲墙

表 9　钢筋砼浆砌石地下防冲墙断面尺寸及主要工程量（l=1m）

墙高 h/m	墙顶宽 a/m	墙底宽 b/m	墙高/m	墙顶宽 $a1$/m	墙底宽 $b1$/m	浆砌石体积/m³	钢筋砼体积/m³
1.8	0.95	1.67	1.5	0.45	1.05	1.1	1.24
2.3	1.10	2.02	2.0	0.60	1.40	2.0	1.60
2.8	1.20	2.32	2.5	0.70	1.70	3.0	1.94
3.3	1.30	2.62	3.0	0.80	2.00	4.2	2.28

说明：外包钢筋混凝土中混凝土强度等级为 C30，钢筋型号为 HPB300。

设计示例 3：钢筋混凝土地下防冲墙

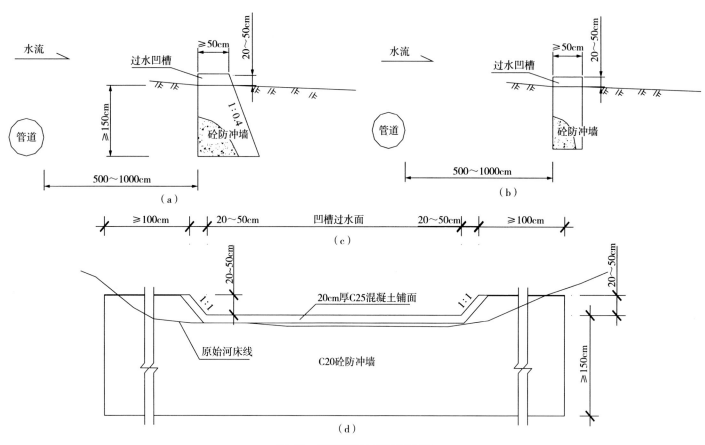

图 17　钢筋混凝土地下防冲墙

石谷坊

设计示例 1：浆砌石轻型石谷坊

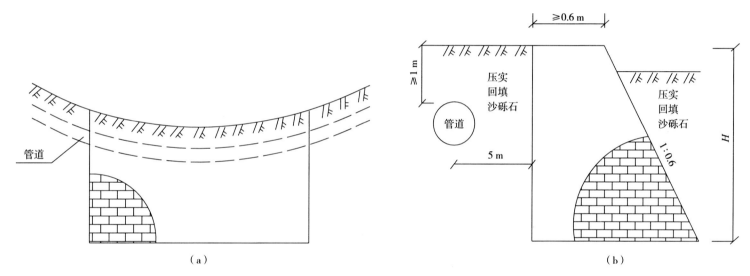

图 18　浆砌石轻型石谷坊

设计示例2：重力式浆砌石石谷坊

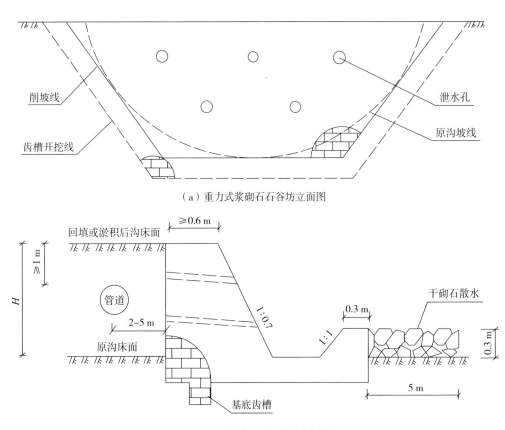

（a）重力式浆砌石石谷坊立面图

（b）重力式浆砌石石谷坊剖面图

图19　重力式浆砌石谷坊

过水面

设计示例 1：浆砌石过水面

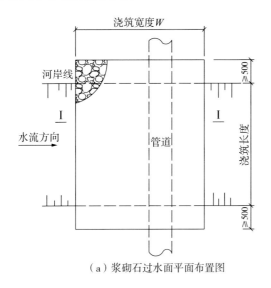

（a）浆砌石过水面平面布置图

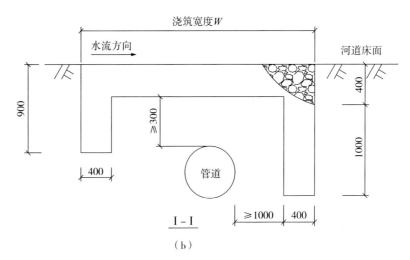

（b）

图 20　浆砌石过水面

表 10　浆砌石过水面主要工程量

浇筑宽度 W/m	块石 / 每延米（m^3）
3	1.8
4	2.2
5	2.6

设计示例 2：石笼过水面

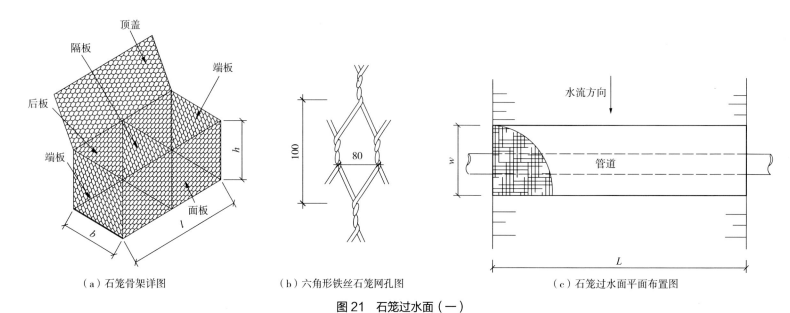

（a）石笼骨架详图　　　　　　（b）六角形铁丝石笼网孔图　　　　　　（c）石笼过水面平面布置图

图 21　石笼过水面（一）

表 11　镀锌铁丝（铅丝）石笼断面尺寸及主要工程量

石笼规格	石笼尺寸 /m $l \times b \times h$	表面积 /m²	容量 /m³	石块粒径 /mm	ϕ10 钢筋		ϕ4 铁丝		单体石笼质量 /kg
					长度 /m	质量 /kg	长度 /m	质量 /kg	
I	2×1×0.5	7.0	1.0	150～300	33	20.4	141	14.0	34.4
II	3×1×0.5	17.0	3.0	150～300	47	29.0	202	20.0	49.0
III	3×2×0.5	24.0	4.5	150～300	81	50.0	343	34.0	84.0

设计示例 3：石笼过水面

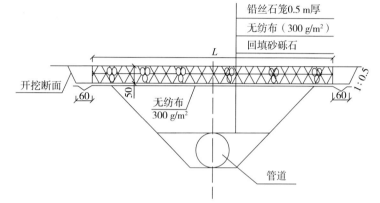

（a）无趾墙石笼过水面剖面图

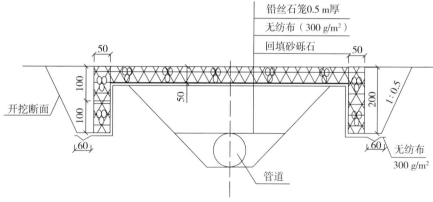

（b）含趾墙石笼过水面剖面图

图 22　石笼过水面（二）

设计示例 4: 钢筋混凝土过水面

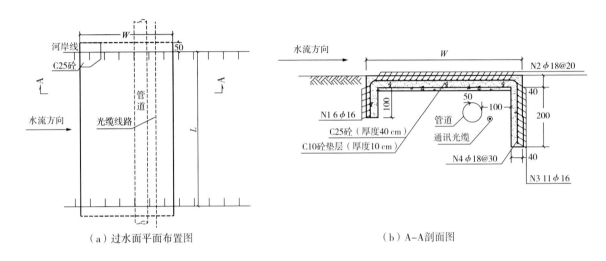

（a）过水面平面布置图　　　　　　　　　（b）A–A剖面图

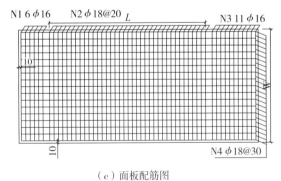

（c）面板配筋图

图 23　钢筋混凝土过水面

表 12　过水面工程量表（L=1m）

宽度 w/m	厚度 /m	模板 /m^2	C10/m^3	C25/m^3
4.00	0.40	6.7	0.40	2.8
4.50	0.40	6.7	0.45	3.00
5.00	0.40	6.7	0.50	3.20
5.50	0.40	6.7	0.55	3.40
6.00	0.40	6.7	0.60	3.60

表 13　配筋量表统计表（L=1m）

宽度 w/m	编号	钢筋型号	根数	长度 /m	每米质量 /（kg/m）	质量 /kg	合计质量 /kg
w=4	N1	ϕ16	6	1	1.58	9.48	118.86
	N2	ϕ18	25	1	2.00	50.00	
	N3	ϕ16	11	1	1.58	17.38	
	N4	ϕ18	3	7	2.00	42.00	
w=5	N1	ϕ16	6	1	1.58	9.48	124.86
	N2	ϕ18	25	1	2.00	50.00	
	N3	ϕ16	11	1	1.58	17.38	
	N4	ϕ18	3	8	2.00	48.00	
w=6	N1	ϕ16	6	1	1.58	9.48	130.86
	N2	ϕ18	25	1	2.00	50.00	
	N3	ϕ16	11	1	1.58	17.38	
	N4	ϕ18	3	9	2.00	54.00	

护坦

设计示例 1：浆砌石护坦

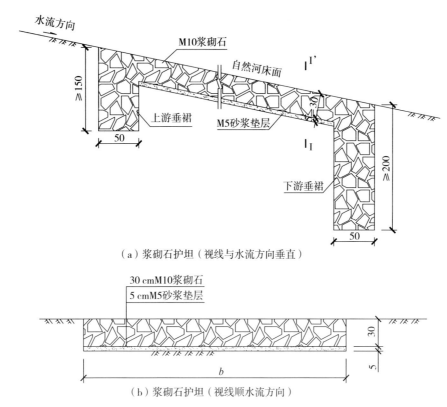

（a）浆砌石护坦（视线与水流方向垂直）

（b）浆砌石护坦（视线顺水流方向）

图 24　浆砌石护坦

表 14　浆砌石石护坦断面尺寸及工程量

b/m	浆砌块石护坦			上下游垂裙		
	M10 浆砌块石 /m³	M5 砂浆垫层 /m³	土方开挖 /m³	M10 浆砌块石 /m³	M5 砂浆垫层 /m³	土方开挖 /m³
2.0	0.60	0.10	0.82	2.50	9.00	6.50
3.0	0.90	0.15	1.17	3.75	13.50	9.75
4.0	1.20	0.20	1.52	5.00	18.00	13.00
5.0	1.50	0.25	1.87	6.25	22.50	16.25
6.0	1.80	0.30	2.22	7.50	27.00	19.50
7.0	2.10	0.35	2.57	8.75	31.50	22.75
8.0	2.40	0.40	2.92	10.00	36.00	26.00
9.0	2.70	0.45	3.27	11.25	40.50	29.25
10.0	3.00	0.50	3.62	12.50	45.00	32.50

设计示例 2：素混凝土护坦

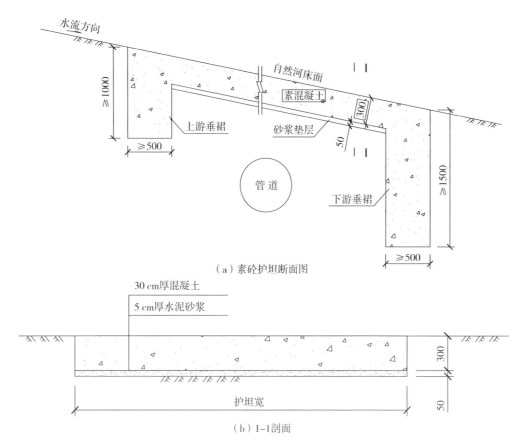

（a）素砼护坦断面图

（b）1-1剖面

图 25　素混凝土护坦

设计示例 3：钢筋混凝土护坦

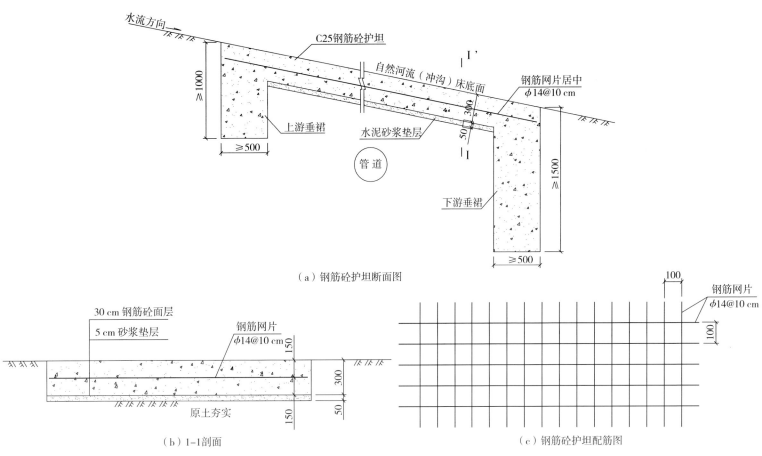

（a）钢筋砼护坦断面图

（b）1-1剖面

（c）钢筋砼护坦配筋图

图 26　钢筋混凝土护坦

设计示例 4：混凝土护坦与地下防冲墙组合

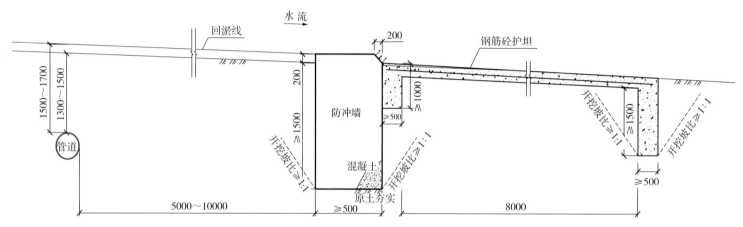

图 27　混凝土护坦与地下防冲墙组合剖面图

说明：

1. 在流水段与漫滩连接的斜坡部位，根据地形防冲墙应做成斜坡，墙顶与河床地表基本齐平，防冲墙左右两端插入两侧河堤内。

2. 护坦平面布置原则上按照原地形布置，必要时可根据实际微地貌进行调整，但调整后仍保持轴线线形连续，护坦顶面原则上与自然河（沟）床面平、并按单向纵坡设置，不应随意抬高河（沟）床面。

3. 防冲墙和护坦纵向每隔 10～15 m 设置一道 2 cm 宽伸缩缝，伸缩缝由沥青木板或沥青玛蹄脂填充，填塞深度不小于 20 cm。

4. 防冲墙基础在一般地段埋深不小于 2.8 m，在沟道下切较大部位，应根据现场情况适当增加埋深；基础应放置于基岩、碎（卵）石土中或中密砂土之上，且基础承载力要求不低于 120 kPa，严禁放在未经处理的回填土上和新冲淤层上；开挖后基础承载力不满足，则基础需进行换填处理，基础换填深度视现场开挖验槽后具体确定，换填深度暂按 0.5 m 计，换填后地基承载力应不小于 120 kPa。

5. 防冲墙基底纵坡坡度大于 5°，均按台阶基础进行设置。

水渠

设计示例 1：普通夯挖渠和三（四）合土加固渠

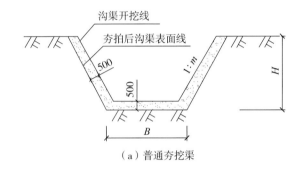

（a）普通夯挖渠

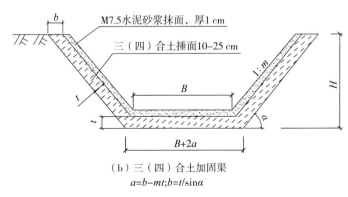

（b）三（四）合土加固渠

$a=b-mt; b=t/\sin\alpha$

图 28　普通夯挖渠和三（四）合土加固渠

表 15　普通夯挖渠断面尺寸及主要工程量

边坡坡比	Ⅰ 型		Ⅱ 型		Ⅲ 型	
	B	H	B	H	B	H
	0.4 m	0.4 m	0.4 m	0.6 m	0.6 m	0.6 m
$m=1.0$	1.531 m²		2.097 m²		2.297 m²	
$m=1.25$	1.686 m²		2.328 m²		2.528 m²	
$m=1.5$	1.840 m²		2.560 m²		2.760 m²	

注：Ⅰ型沟底纵坡降不大于 1.5%，Ⅱ型沟底纵坡降不大于 0.7%，Ⅲ型沟底纵坡降不大于 0.6%。

表 16　三（四）合土加固渠断面尺寸及主要工程量

工程名称	厚度 / cm	沟渠边坡坡率 $m=0.5$				沟渠边坡坡率 $m=1.0$					
		B	H	B	H	B	H	B	H	B	H
		0.3	0.3	0.4	0.4	0.4	0.4	0.4	0.6	0.6	0.6
三（四）合土捶面 /m³	10	0.114		0.147		0.171		0.228		0.248	
	15	0.165		0.234		0.271		0.356		0.386	
	20	0.264		0.329		0.379		0.493		0.533	
	25	0.351		0.432		0.497		0.639		0.689	
M7.5 水泥砂浆抹面 /m³	1	0.971		1.294		1.531		2.097		2.297	

注：每米长工程量

表面积 $A=B+2H(1+m^2)/2$；

圬工体积 $V=2bH+(B+a+b)t$。

设计示例2：单层干砌石渠和单层栽砌卵石渠

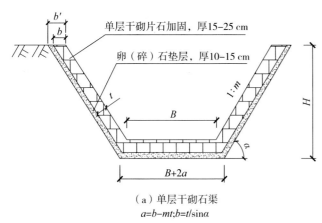

单层干砌片石加固，厚15–25 cm

卵（碎）石垫层，厚10–15 cm

（a）单层干砌石渠

$a=b-mt; b=t/\sin\alpha$

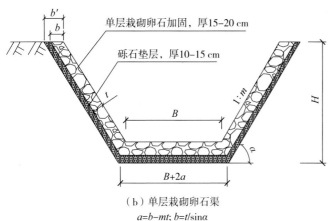

单层栽砌卵石加固，厚15–20 cm

砾石垫层，厚10–15 cm

（b）单层栽砌卵石渠

$a=b-mt; b=t/\sin\alpha$

图29 单层干砌石加固渠示意图

表17 单层干砌石渠断面尺寸及主要工程量 /（m³/m）

1：m		1：1					
干砌石厚 /cm		15		20		25	
工程名称	断面尺寸 $B \times H$/m²	垫层厚 /cm					
		10	15	10	15	10	15
干砌片石	0.4×0.4	0.271		0.379		0.497	
	0.4×0.6	0.356		0.493		0.639	
	0.6×0.6	0.386		0.533		0.689	
垫层	0.4×0.4	0.226	0.353	0.245	0.381	0.263	0.408
	0.4×0.6	0.283	0.438	0.301	0.405	0.319	0.493
	0.6×0.6	0.303	0.468	0.321	0.495	0.339	0.521

表18 单层栽砌卵石渠断面尺寸及主要工程量 /（m³/m）

1：m		1：1				1：1.5	
干砌石厚 /cm		15		20		15	20
工程名称	断面尺寸 $B \times H$/m²	垫层厚 /cm					
		10	15	10	15	10	15
干砌片石	0.4×0.4	0.271		0.379		0.324	0.453
	0.4×0.6	0.356		0.493		0.433	0.597
	0.6×0.6	0.386		0.533		0.462	0.637
垫层	0.4×0.4	0.226	0.245	0.381	0.268	0.289	0.450
	0.4×0.6	0.283	0.301	0.405	0.340	0.362	0.558
	0.6×0.6	0.303	0.321	0.495	0.361	0.382	0.588

设计示例 3：浆砌石梯形渠

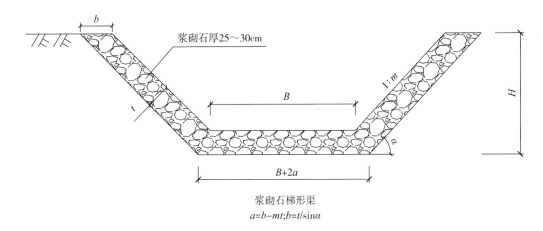

浆砌石梯形渠
$a=b-mt;b=t/\sin\alpha$

图 30　浆砌石梯形渠

表 19　浆砌石梯形渠断面尺寸及工程量 /（m³/m）

1：m	1：0.5				1：0.75						1：1.0					
t/cm	B	H	B	H	B	H	B	H	B	H	B	H	B	H	B	H
	0.3	0.3	0.4	0.4	0.4	0.4	0.4	0.6	0.6	0.6	0.4	0.4	0.4	0.6	0.6	0.6
25	0.351		0.432		0.459		0.554		0.634		0.497		0.639		0.689	
30	0.447		0.545		0.587		0.728		0.788		0.624		0.794		0.854	

设计示例 4: 浆砌石矩形渠

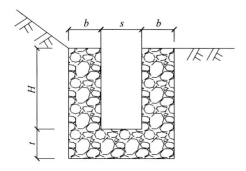

（a）直墙式排水沟

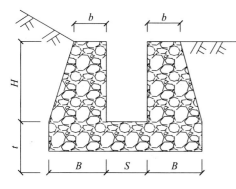

（b）斜墙式排水沟

图 31　浆砌石矩形渠

表 20　浆砌石矩形排水沟断面尺寸及工程量 /（m³/m）

直墙式									
H/m	b/m	t/m	浆砌石体积 /m³						
			S=0.4 m	S=0.5 m	S=0.6 m	S=0.7 m	S=0.8 m	S=0.9 m	S=1.0 m
0.2	0.3	0.3	0.42	0.45	0.48	0.51	0.54	0.57	0.60
0.3	0.3	0.3	0.43	0.51	0.54	0.57	0.60	0.63	0.66
0.4	0.3	0.3	0.54	0.57	0.60	0.63	0.66	0.69	0.72
0.5	0.4	0.4	0.83	0.92	0.96	1.00	1.04	1.08	1.12
0.6	0.4	0.4	0.96	1.00	1.04	1.08	1.12	1.16	1.20
0.7	0.4	0.4	1.04	1.08	1.12	1.16	1.20	1.24	1.28
0.8	0.4	0.4	1.12	1.14	1.20	1.24	1.28	1.32	1.36
0.9	0.4	0.4	1.20	1.24	1.28	1.32	1.36	1.40	1.44
1.0	0.4	0.4	1.28	1.32	1.36	1.40	1.44	1.48	1.52
斜墙式									
H/m	b/m	t/m	浆砌石体积 /m³						
			S=0.4 m	S=0.5 m	S=0.6 m	S=0.7 m	S=0.8 m	S=0.9 m	S=1.0 m
1.1	0.45	0.67	0.50	2.15	2.20	2.25	2.30	2.35	2.40
1.2	0.45	0.69	0.50	2.31	2.36	2.41	2.46	2.51	2.56
1.3	0.5	0.76	0.50	2.65	2.70	2.75	2.80	2.85	2.90
1.4	0.5	0.73	0.50	2.82	2.87	2.92	2.97	3.02	3.07
1.5	0.5	0.80	0.55	3.11	3.16	3.22	3.37	3.33	3.38

表 21　坡面侵蚀防护适用条件汇总表

护坡类型	边坡坡率	土（石）质
植草护坡	1:1.5～1:2.0	适用于边坡稳定，坡面受雨水冲刷轻微，而且宜于草类生长的土质边坡
植生带护面（三维植被网防护）	小于1:0.75	适用于砂性土、土夹石及风化岩石边坡
鱼鳞坑	—	适用于地形破碎、土层较薄，不宜采用带状整地工程的坡面
草袋护面	小于1:1	适用于易受雨水冲刷的稳定土质（包括黄土）边坡
草袋护坡	小于1:1	适用于Ⅰ、Ⅱ级湿陷性黄土地区在内的土质地区的地坎恢复和无冲刷下切作用的软土地区的岸坡防护。地下水发育时不适用，也不适用于长期浸水的边坡
浆砌石骨架植物护坡	小于1:0.75 当坡面受雨水冲刷严重或潮湿时应小于1:1	适用于土质和易风化岩石边坡
混凝土空心块植物护坡		适用于土质边坡和全风化、强风化的岩石边坡
截水墙	—	浆砌石截水墙适用于坡度小于45°的管线坡地，灰土或黏土截水墙适用于坡度小于30°的管线坡地。其中，灰土截水墙常用于黄土地区，但其设置位置不能影响耕地或林草的地表层
截排水沟	—	适用于水流集中并在长期冲刷下容易形成冲沟并发育，造成管道外露的斜坡地段
浆砌石堡坎	—	适用于 $0.8\,\mathrm{m} \leqslant h \leqslant 3.0\,\mathrm{m}$ 的田、地坎恢复
干砌石堡坎	—	适用于地坎、地貌恢复，坎高不宜大于2.6 m
草袋素土堡坎	—	适用于 $0.8 \leqslant h1 \leqslant 2.0$ 的一般地质条件，不适用于软土地区和病害地区，如活动断裂带、滑坡区和流沙区等
浆砌石护坡	1:1.5～1:2.0	适用于土质和易风化岩石边坡，在坡面受雨水冲刷严重或潮湿时，坡比应尽量放缓

表21（续）

护坡类型	边坡坡率	土（石）质
干砌石护坡	1∶1.25～1∶2.5	适用于土（石）质边坡，以及周期性浸水的河滩、水库或台地边缘的边坡； 用于坡面防护的一般为单层式，厚度不宜小于0.3 m。用于土质边坡易受地表水冲刷或边坡经常有少量地下水渗出而产生的小型溜塌的边坡时，边坡坡度不宜陡于1∶1.25，单级防护高度不宜大于6 m
浆砌石护面墙	小于1∶0.3	适用于稳定土质和易风化的岩质边坡，护面墙除自重外，不担负其他荷载
冲土墙	小于1∶0.5	适用于边坡易风化剥落的页岩、泥岩、胶结砂以及易受地表水冲刷并发生滑塌和冲沟的砂卵石、黄土边坡。适用无地下水，干旱少雨地区。边坡坡率为1∶0.5～1∶1，墙高不超过10 m
喷浆护面	小于1∶0.75	适用于土质或岩质边坡。素喷护面可用于坡率小于1∶0.5，易风化但未遭受强风化的岩石边坡，不宜在成岩差和土质边坡上采用
锚杆钢筋混凝土护面	小于1∶0.3	适用于高陡岩石边坡。坡体中无不良结构面、风化破碎的岩石边坡，宜采用非预应力锚杆；对于边坡中存在不良结构面，具有潜在破坏或滑动面的岩石边坡，宜采用预应力锚索结构
抹面护坡	—	适用于易于风化的岩石边坡，可用混合材料抹面。抹面的边坡坡度不受限制，不能担负载荷也不能承受土压力。边坡应是稳定的，坡面应该平整干燥
混凝土预制块护坡	小于1∶0.5	适用于易风化的软质岩石、破碎不严重的硬质岩石边坡和边坡稳定的土质边坡。石料缺乏地区应用具有一定的优越性
生态袋坡面散流	坡度为5°～25°	适用于粉（中、细）砂、粉土、细黏土坡面
灰土干打垒	—	黄土区陡坎、高陡斜坡

植草护坡

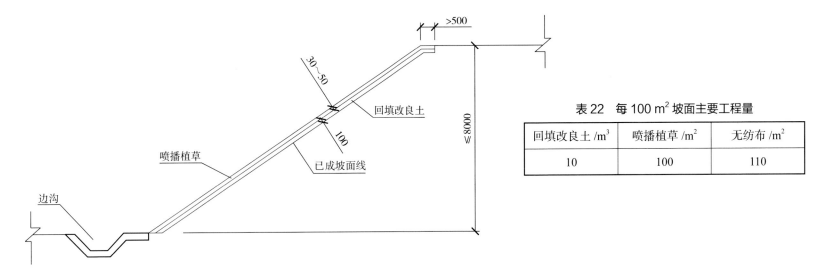

表 22　每 100 m² 坡面主要工程量

回填改良土 /m³	喷播植草 /m²	无纺布 /m²
10	100	110

说明：

1. 当坡面土质适合草种生长时，可不回填改良土。

2. 非雨季施工时，不需用无纺布或其他材料覆盖。

3. 边沟仅为示意。

图 32　植草护坡横断面示意图

植生带护面

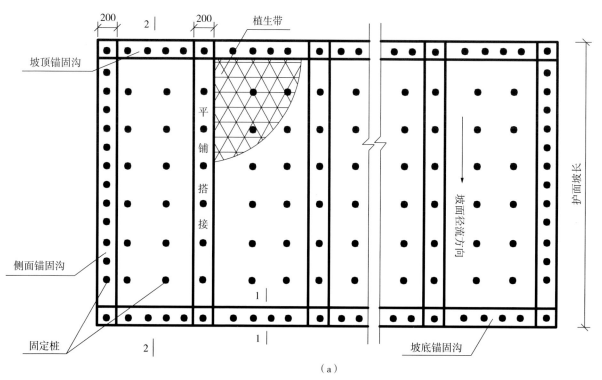

说明：锚固沟内固定桩间距 1.0 m。

图 33　植生带护面

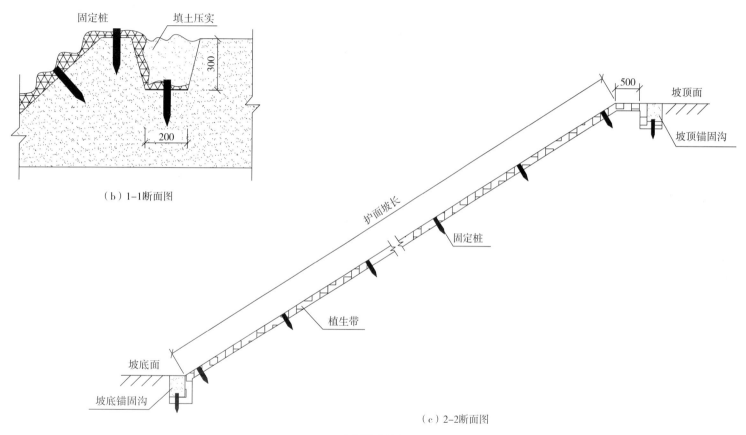

（b）1-1断面图

（c）2-2断面图

图33（续）

鱼鳞坑

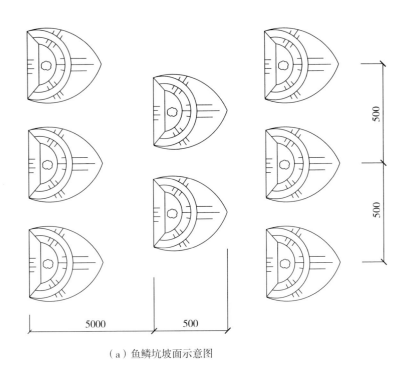

（a）鱼鳞坑坡面示意图

（b）鱼鳞坑剖面图

（c）鱼鳞坑大样图

说明：鱼鳞坑间距可根据实际地形由选用人员适当调整。

图34　鱼鳞坑

草袋护面

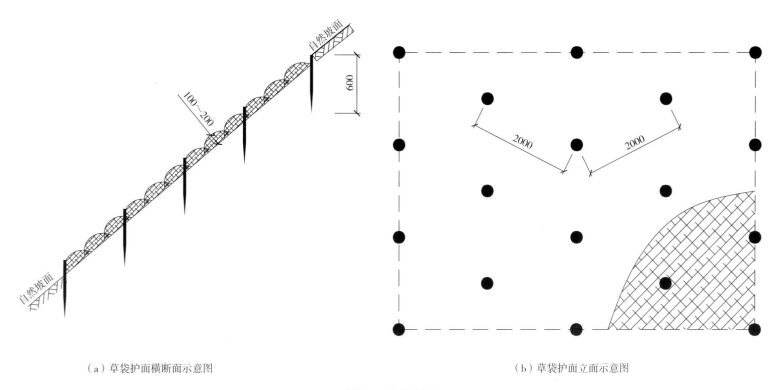

（a）草袋护面横断面示意图 　　　　　　　　　　　　　　（b）草袋护面立面示意图

图 35　草袋护面

草袋护坡

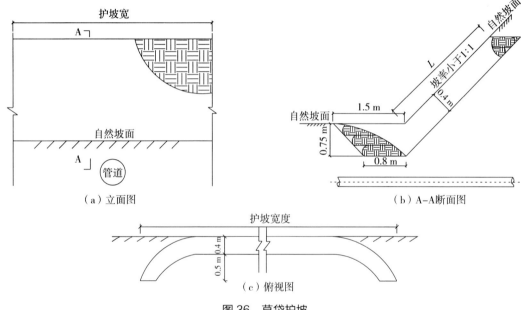

（a）立面图   （b）A-A断面图

（c）俯视图

图 36　草袋护坡

表 23　草袋护坡主要工程量

坡长 /m	1	2	3	4	5	6	7	8	9	10
基础 /m³	0.9	0.9	0.9	0.9	0.9	0.9	0.9	0.9	0.9	0.9
坡体 /m³	0.6	1.0	1.4	1.8	2.2	2.6	3.0	3.4	3.8	4.2
合计 /m³	1.5	1.9	2.3	2.7	3.1	3.5	3.6	4.3	4.7	5.1
草袋数量 /条	32	40	48	57	65	74	82	90	99	107

浆砌石骨架植物护坡

设计示例 1：拱形骨架

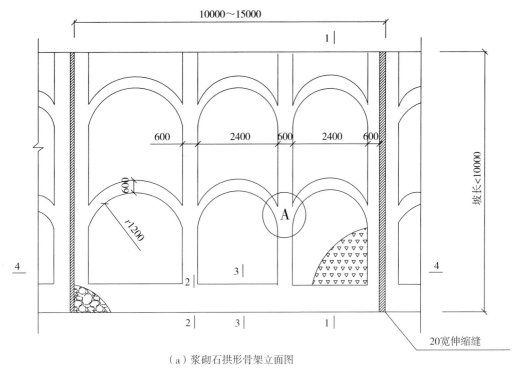

（a）浆砌石拱形骨架立面图

图 37　拱形骨架

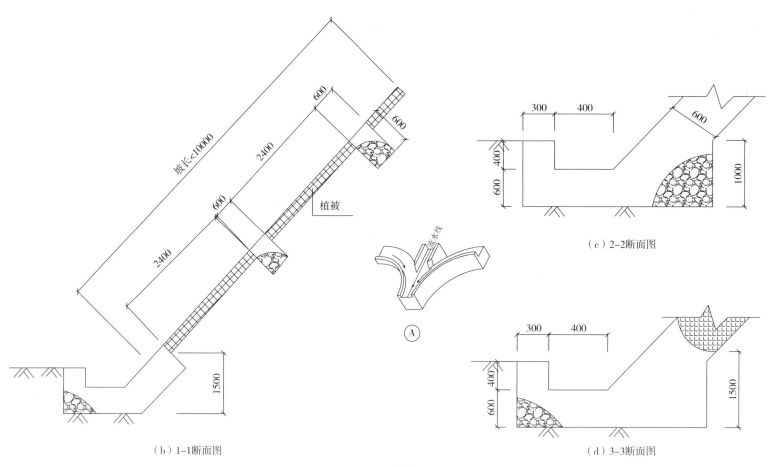

（b）1—1断面图

（c）2—2断面图

（d）3—3断面图

图37（续）

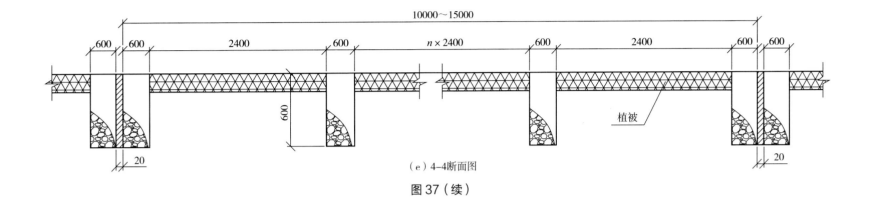

（e）4–4断面图

图 37（续）

表 24　浆砌石骨架护坡主要工程量

单体名称	工程量
主骨架基础	0.57 m³/ 道
竖向主骨架	0.20 m³/ 延米
拱基础	2.74 m³/ 横向每孔
弧形支骨架	0.45 m³/ 道
顶部镶边	0.39 m³/ 横向每孔
植被面积	4.77 m³/ 横向每孔

设计示例 2：菱形骨架

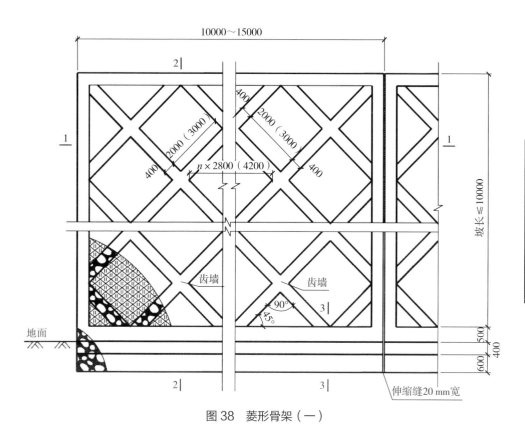

图 38　菱形骨架（一）

表 25　主要工程量

单位名称	—
一般基础	1.46（m^3/m）
棱条	0.16（m^3/m）
齿墙	0.13（m^3/个）
坡顶防护	0.36（m^3/m）
植被面积	4.0（9.0）（m^2/每格）

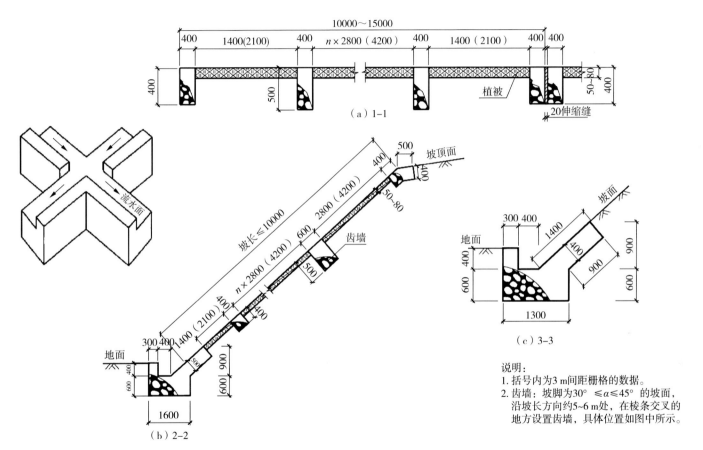

（a）1-1

（b）2-2

（c）3-3

说明：
1. 括号内为3 m间距栅格的数据。
2. 齿墙：坡脚为30°≤α≤45°的坡面，
   沿坡长方向约5~6 m处，在棱条交叉的
   地方设置齿墙，具体位置如图中所示。

图 39 菱形骨架（二）

设计示例 3：人字形骨架

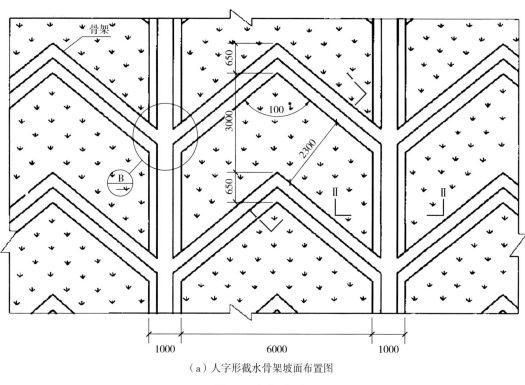

（a）人字形截水骨架坡面布置图

图 40　人字形骨架

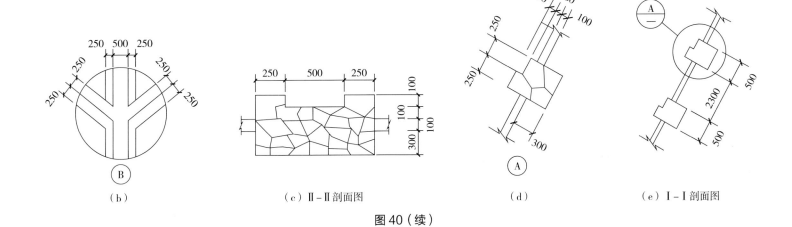

（b） （c）Ⅱ–Ⅱ剖面图 （d） （e）Ⅰ–Ⅰ剖面图

图 40（续）

表 26 护坡工程数量表

名称	材料	单位	数量	备注
骨架	片石（或水泥混凝土）	m³	0.3	每延米
护脚及平台	片石	m³	1.99	每延米

说明：

1. 本图尺寸单位除注明外均以 mm 计。

2. 截水骨架护坡高度不大于 6.0 m。

3. 护坡横断面形式与方格形骨架植物护坡横断面相同。

混凝土空心块植物护坡

设计示例 1：正方形空心块

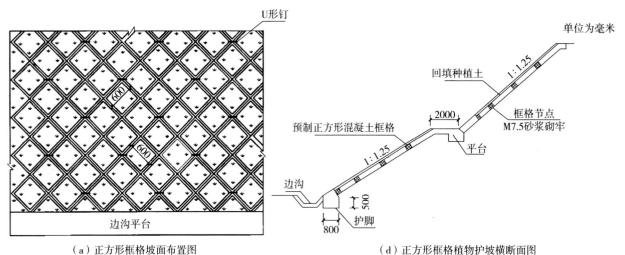

（a）正方形框格坡面布置图

（d）正方形框格植物护坡横断面图

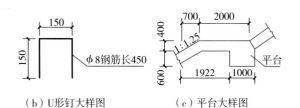

（b）U 形钉大样图

（c）平台大样图

表 27　护坡工程数量表

名称	材料	单位	数量	备注
护脚	片石	m³	0.56	每延米
平台	片石	m³	1.59	每延米

图 41　正方形空心块

设计示例 2：六边形空心块

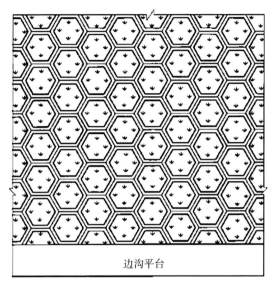

（a）六边形框格坡面布置图

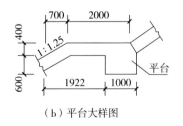

（b）平台大样图

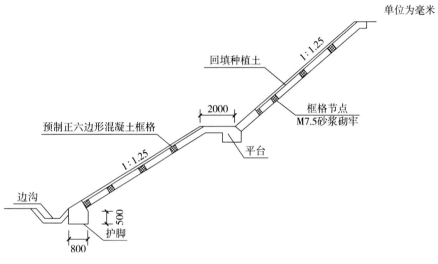

（c）六边形框格植物护坡横断面图

表 28　护坡工程数量表

名称	材料	单位	数量	备注
护脚	片石	m³	0.56	每延米
平台	片石	m³	1.59	每延米

图 42　六边形空心块

截水墙

设计示例 1：浆砌石截水墙（$\alpha<30°$）

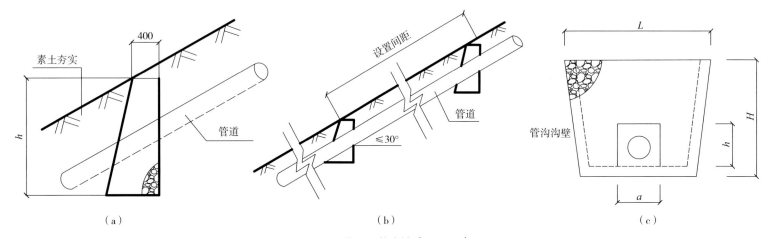

图 43 浆砌石截水墙（$\alpha<30°$）

表 29 设置间距

管线敷设坡度	间距
5°～8°	15～20 m
8°～15°	12～15 m
15°～25°	10～12 m
25°～30°	8～10 m

表 30 主要尺寸　　　　　　　单位为毫米

管径	＞1000	800～1000	700～800	450～600	≤400
管沟开挖深度 H	≤5000	≤4000	≤3500	≤3000	≤2500
底部尺寸 b	1500	1200	1100	1000	900
洞口宽度 a	1500	1200	1000	800	600
洞口高度 h	2200	2100	2000	1800	1600

设计示例 2: 浆砌石截水墙（30° < α < 45°）

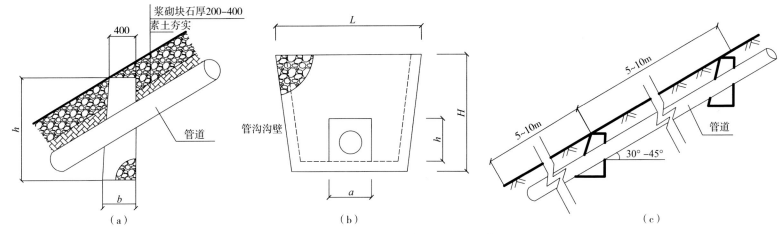

图 44 浆砌石截水墙（30° < α < 45°）

表 31 主要尺寸

单位为毫米

管径	>1000	800～1000	700～800	450～600	≤400
管沟开挖深度 H	≤5000	≤4000	≤3500	≤3000	≤2500
底部尺寸 b	1500	1200	1100	1000	900
洞口宽度 a	1500	1200	1000	800	600
洞口高度 h	2200	2100	2000	1800	1600

设计示例 3：灰土及黏土截水墙

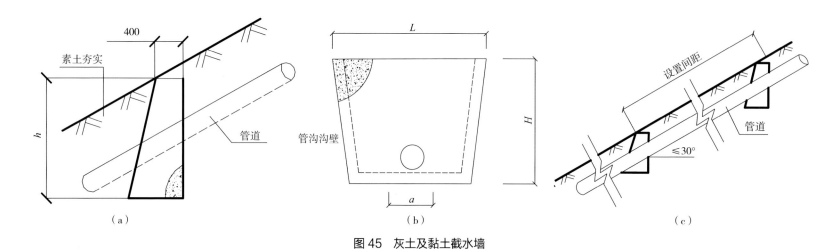

图 45　灰土及黏土截水墙

表 32　设置间距

管线敷设坡度	间距
5°～8°	15～20 m
8°～15°	12～15 m
15°～25°	10～12 m
25°～30°	8～10 m

表 33　主要尺寸　　　　　　　单位为毫米

管径	＞1000	800～1000	700～800	450～600	≤400
管沟开挖深度 H	≤5000	≤4000	≤3500	≤3000	≤2500
墙底厚 b	1500	1300	1300	12001	1200

截排水沟

设计示例 1：梯形截排水沟

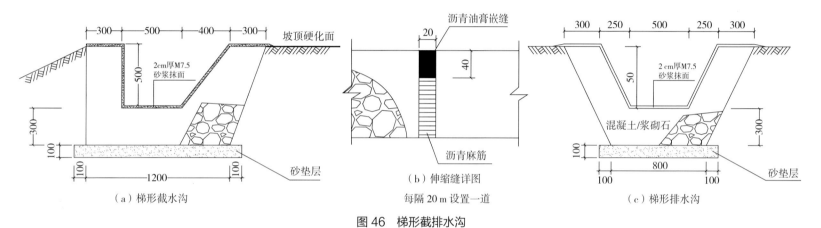

图 46　梯形截排水沟

表 34　截排水沟每延米主要工程量

项目	截水沟	排水沟
砌体 /m³	0.73	0.59
M7.5 砂浆抹面 /m²	2.24	2.22
砂垫层 /m³	0.14	0.10

设计示例 2：A 型和 B 型排水沟

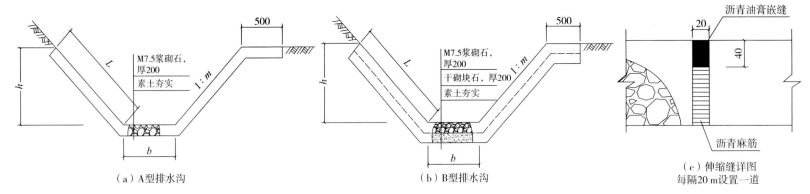

图 47　A 型和 B 型排水沟

表 35　A 型排水沟和 B 型排水沟主要工程量

主要参数 /mm				体积 / 每 10 m（m³）		
				A 型排水沟	B 型排水沟	
b	m	h	L	浆砌块石	浆砌块石	干砌块石
400	0.5	400	447	3.59	3.59	3.95
	1.0	400	567	4.07	4.07	4.48
	1.5	400	721	4.68	4.68	5.15
600	0.5	600	671	4.88	4.88	5.37
	1.0	600	849	5.60	5.60	6.16
	1.5	600	1082	6.53	6.53	7.18
800	0.5	800	894	6.18	6.18	6.80
	1.0	800	1131	7.12	7.12	7.83
	1.5	800	1442	8.37	8.37	9.21

设计示例3：现浇混凝土排水沟

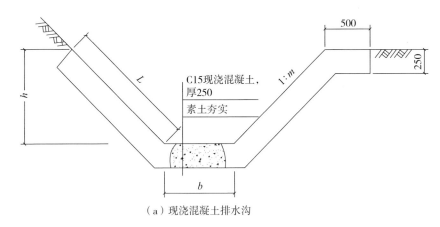

C15现浇混凝土，
厚250

素土夯实

（a）现浇混凝土排水沟

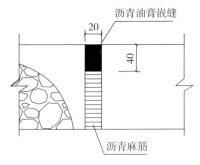

沥青油膏嵌缝

沥青麻筋

（b）伸缩缝详图
每隔20 m设置一道

图 48　现浇混凝土排水沟

表 36　现浇混凝土排水沟主要工程量

主要参数 /mm				混凝土体积
b	m	h	L	每 10m（m³）
400	0.5	400	447	4.49
	1.0	400	567	5.09
	1.5	400	721	5.86
600	0.5	600	671	6.11
	1.0	600	849	7.00
	1.5	600	1082	8.16
800	0.5	800	894	7.72
	1.0	800	1131	8.91
	1.5	800	1442	10.46

说明：如该排水沟用于黄土地区，应增设 100 mm 厚的 3:7 灰土垫层。

设计示例 4：预制混凝土排水沟

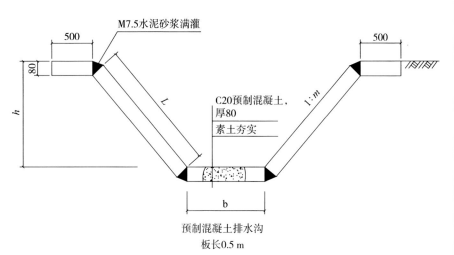

图 49　预制混凝土排水沟

表 37　预制混凝土排水沟主要工程量

主要参数 /mm				混凝土体积	备注
b	m	h	L	每 10m（ m^3 ）	
400	0.5	400	447	4.49	
	1.0	400	567	5.09	
	1.5	400	721	5.86	
600	0.5	600	671	6.11	
	1.0	600	849	7.00	可改为两块搭接
	1.5	600	1082	8.16	
800	0.5	800	894	7.72	
	1.0	800	1131	8.91	可改为两块搭接
	1.5	800	1442	10.46	

表 38　混凝土衬砌 / 预制板厚度参考值

基础条件	流量 /（ m^3/s ）	板厚 /cm	备注
砂砾石、砾石、风化石、无浮拖力	<2	5～6	3～4 cm 厚的混凝土衬砌渠道，一般采用压力喷射施工
	>2	4～10	
密实的砂砾土、砂土挖方渠道	<2	4～8	需要砾石垫层
	>2	6～12	
黄土、普通土、冲积土、细沙粒填方渠道	<2	6～10	需要垫层和排水设施，黏性土需采取防冻胀措施。无冻胀，不加垫层

说明：如该排水沟用于黄土地区，应增设 100 mm 厚的 3：7 灰土垫层。

设计示例 5：黄土区浆砌石排水沟

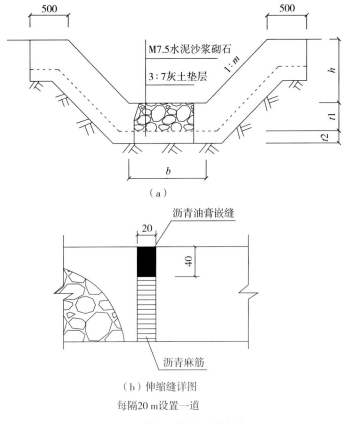

（a）

沥青油膏嵌缝

20

40

沥青麻筋

（b）伸缩缝详图

每隔 20 m 设置一道

图 50 黄土区浆砌石排水沟

表 39 浆砌石排水沟断面尺寸及主要工程量

黄土湿陷等级	选用型号	主要参数 /mm						体积每 10 m（m³）	
		b	h	m	$t1$	$t2$	$t3$	块石	灰土
I II	A1	300	0.5	250	100	100	600	3.93	2.27
	A2	400	1	250	100	100	1200	5.33	2.83
	A3	600	1	300	150	150	1800	8.69	5.70
III IV	A4	300	0.5	250	150	150	600	3.93	3.41
	A5	400	1	300	200	200	1200	6.40	5.90
	A6	600	1	300	150	250	1800	8.69	9.50

说明：

1. A1、A2、A4、A5 适用于排水量较小时；

2. A3、A6 适用于排水量较大，且质量要求较高时。

设计示例6：排水沟跌水示意

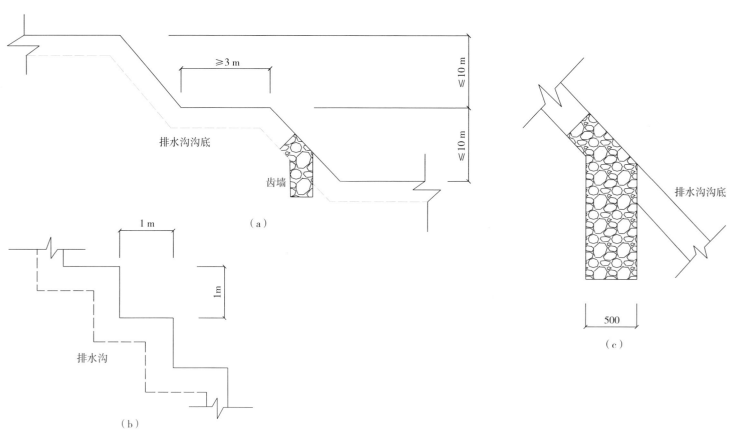

图 51　排水沟跌水示意

浆砌石堡坎

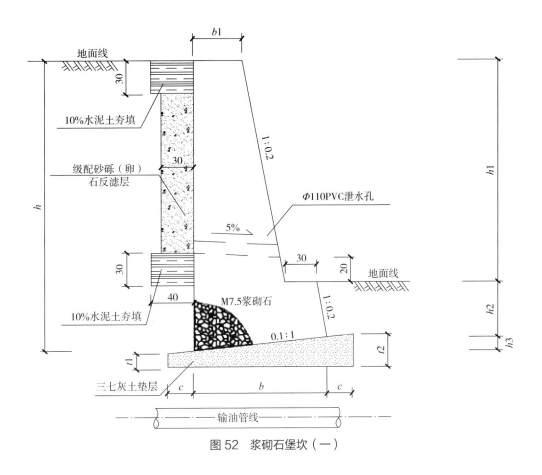

图 52　浆砌石堡坎（一）

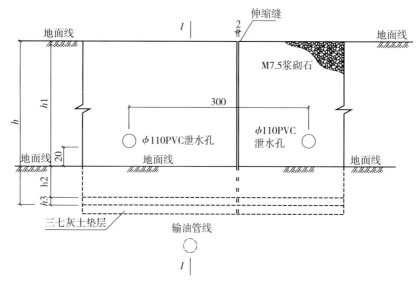

图 53 浆砌石堡坎（二）

表 40 浆砌石堡坎断面尺寸表（*L*=1 m）

h1/m	h2/m	h3/m	b/m	b1/m	h/m	体积/m³	c/m	t1/m	t2/m	灰土体积/m³	备注
0.8	0.5	0.09	0.86	0.30	1.39	0.75	0.10	0.30	0.41	0.37	
1.0	0.5	0.09	0.90	0.30	1.59	0.87	0.10	0.30	0.41	0.39	
1.2	0.5	0.10	1.04	0.40	1.80	1.17	0.10	0.30	0.42	0.45	
1.4	0.5	0.11	1.08	0.40	2.01	1.33	0.10	0.30	0.43	0.47	
1.6	0.5	0.12	1.22	0.50	2.22	1.72	0.10	0.40	0.54	0.67	
1.8	0.5	0.13	1.26	0.50	2.43	1.91	0.10	0.40	0.55	0.69	
2.0	0.5	0.13	1.30	0.50	2.63	2.11	0.10	0.40	0.55	0.71	
2.2	0.5	0.14	1.44	0.60	2.84	2.60	0.20	0.40	0.58	0.91	
2.4	0.5	0.15	1.48	0.60	3.05	2.84	0.20	0.40	0.59	0.93	
2.5	0.5	0.15	1.50	0.60	3.15	2.96	0.20	0.50	0.69	1.13	

干砌石堡坎

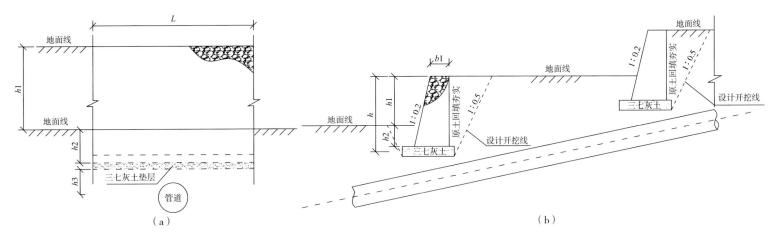

图 54 干砌石堡坎

表 41 干砌石堡坎断面尺寸表（*L*=1 m）

墙身高度 $h1$/m	墙高 h/m	堡坎顶宽 $b1$/m	堡坎底宽 b/m	垫层加宽 $b2$/m	垫层宽度 $b3$/m	垫层厚度 $h2$/m	堡坎体积 /m³	灰土体积 /m³
0.8	1.3	0.50	0.76	0.1	0.96	0.30	0.82	0.29
1.0	1.5	0.55	0.85	0.1	1.05	0.30	1.05	0.32
1.2	1.7	0.60	0.94	0.1	1.14	0.30	1.30	0.35
1.4	1.9	0.65	1.03	0.1	1.23	0.30	1.60	0.37
1.6	2.1	0.70	1.12	0.1	1.32	0.40	1.92	0.53
1.8	2.3	0.80	1.26	0.1	1.46	0.40	2.37	0.59
2.0	2.5	0.85	1.35	0.1	1.55	0.40	2.75	0.62
2.2	2.7	0.90	1.44	0.2	1.84	0.40	3.16	0.74
2.4	2.9	0.95	1.53	0.2	1.93	0.40	3.60	0.78
2.6	3.1	1.00	1.62	0.2	2.02	0.50	4.07	1.01

草袋素土堡坎

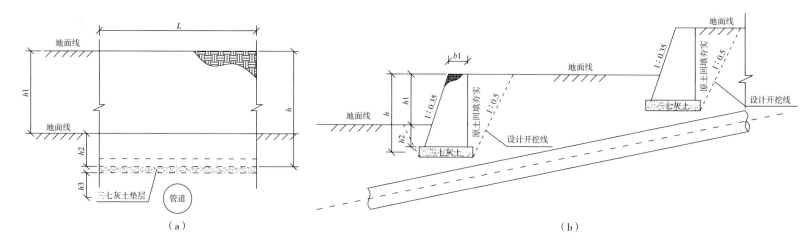

（a）　　　　　　　　　　　　　　　　　　　　　（b）

图 55　草袋素土堡坎

表 42　草袋堡坎断面尺寸表（*L*=1 m）

墙身高度 h1/m	基础埋深 h2/m	h3/m	墙高 h/m	墙顶宽度 b1/m	墙底宽度 b/m	垫层高度 t1/m	垫层厚度 t2/m	每米码砌 /m³	草袋 / 条	灰土体积 /m³
0.8	0.5	0.09	1.39	0.5	0.29	0.30	0.41	0.94	20	0.39
1.0	0.5	0.10	1.60	0.5	0.95	0.30	0.42	1.13	24	0.42
1.2	0.5	0.10	1.80	0.5	1.01	0.30	0.42	1.34	28	0.44
1.4	0.5	0.11	2.01	0.5	1.07	0.30	0.43	1.55	32	0.47
1.6	0.5	0.11	2.21	0.5	1.13	0.40	0.53	1.78	37	0.63
1.8	0.5	0.12	2.42	0.5	1.19	0.40	0.54	2.01	42	0.66
2.0	0.5	0.14	2.64	0.5	1.35	0.40	0.56	2.53	52	0.75

浆砌石护坡

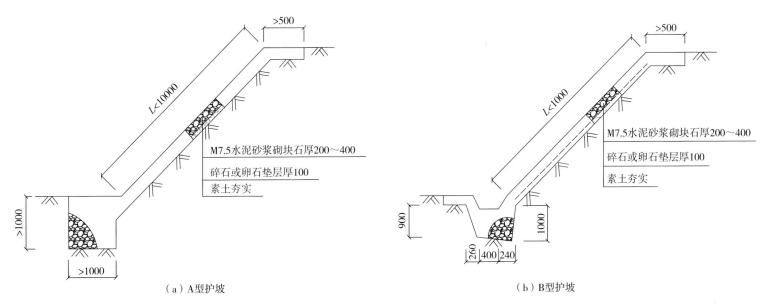

（a）A型护坡　　　　　　　　　　（b）B型护坡

图 56　浆砌石护坡

表 43　浆砌石护坡断面尺寸及主要工程量

型号	浆砌块石体积 / 每 10 m（m³）	碎石体积 / 每 10 m（m³）
A	4.03	1.22
B	3.98	1.22

干砌石护坡

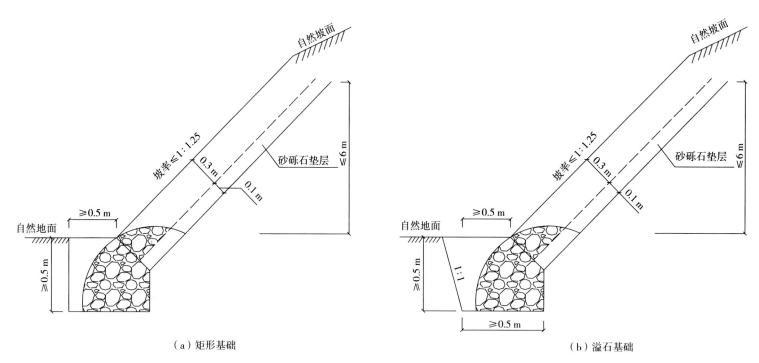

（a）矩形基础　　　　　　　　　　　　　　　　　（b）溢石基础

图 57　干砌石护坡

浆砌石护面墙

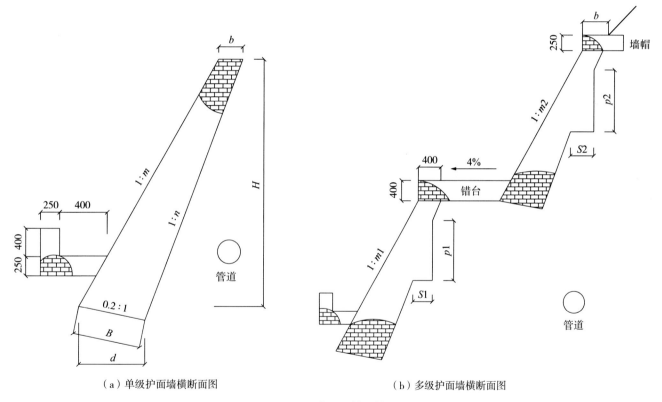

（a）单级护面墙横断面图　　　　　　（b）多级护面墙横断面图

图 58　浆砌石护面墙

冲土墙

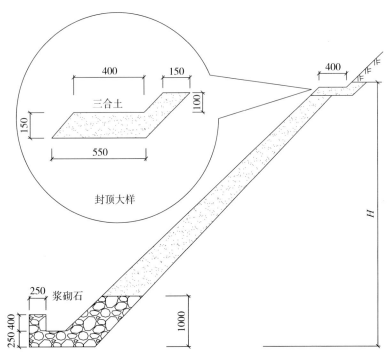

图 59 非等厚冲土墙断面图

表 44 冲土墙主要工程量 /（m³/ 延米）

断面形式	等厚冲土墙			非等厚冲土墙		
坡度	1：1			1：0.75 或 1：0.5		
墙高	黄土	片石	三合土	黄土	片石	三合土
2	0.34	0.40	0.10	0.37	0.48	0.10
3	0.74	0.40	0.10	0.84	0.53	0.10
4	1.14	0.40	0.10	1.37	0.58	0.10
5	1.54	0.40	0.10	1.94	0.63	0.10
6	1.94	0.40	0.10	2.57	0.68	0.10
7	2.34	0.40	0.10	3.24	0.73	0.10
8	2.74	0.40	0.10	3.97	0.78	0.10
9	3.14	0.40	0.10	4.74	0.83	0.10
10	3.54	0.40	0.10	5.57	0.88	0.10

喷浆护面

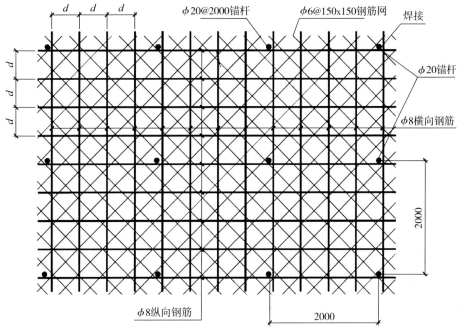

ϕ20@2000锚杆　　ϕ6@150x150钢筋网　　焊接

ϕ20锚杆

ϕ8横向钢筋

ϕ8纵向钢筋

图 60　护面细部构造图

说明：
1. 坡面防护措施可根据实际情况选用以下护面：
　a）厚度不小于50 mm的M10水泥砂浆护面；
　b）厚度不小于80 mm的C20混凝土护面；
　c）厚度不小于150 mm的锚杆挂网喷M10水泥砂浆护面。
2. 钢筋网间距d=500适用于喷播植物，d=200适用于喷浆、混凝土护面。

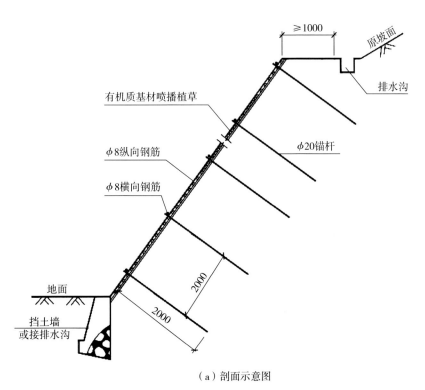

（a）剖面示意图

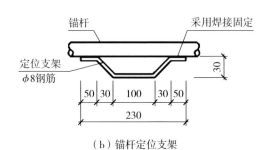

（b）锚杆定位支架

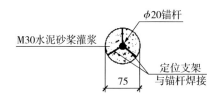

（c）锚杆横断面图

说明：
排水沟及挡土墙可按本图集选用。

图61 喷浆护面（一）

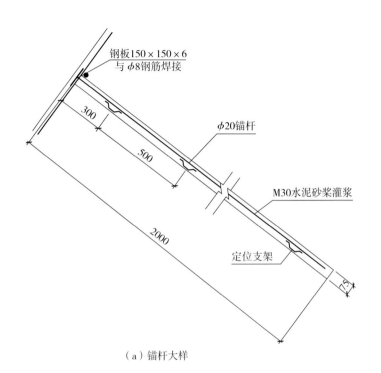

（a）锚杆大样

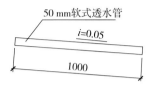

（b）排水管大样图

（顺坡面每2～3 m交错设置）

表45　主要工程量

	ϕ 8 纵、横向钢筋	植草绿化	ϕ 20 锚杆
单位	kg/100 m²	m²/100 m²	kg/100 m²
数量	187.55	100	935

说明：

1. 锚杆挂网喷浆、混凝土护面钢筋间距由选用人员另行确定。

2. 锚杆钻孔宜采用风钻成孔，并应比锚杆长度长200 mm。

图62　喷浆护面（二）

锚杆钢筋混凝土护面

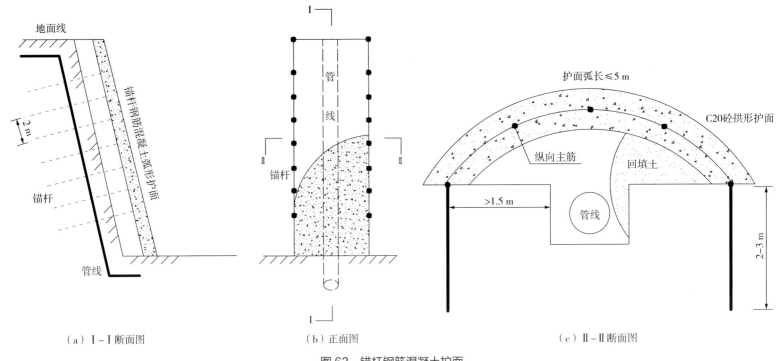

（a）Ⅰ–Ⅰ断面图　　　　　　　（b）正面图　　　　　　　（c）Ⅱ–Ⅱ断面图

图 63　锚杆钢筋混凝土护面

抹面护坡

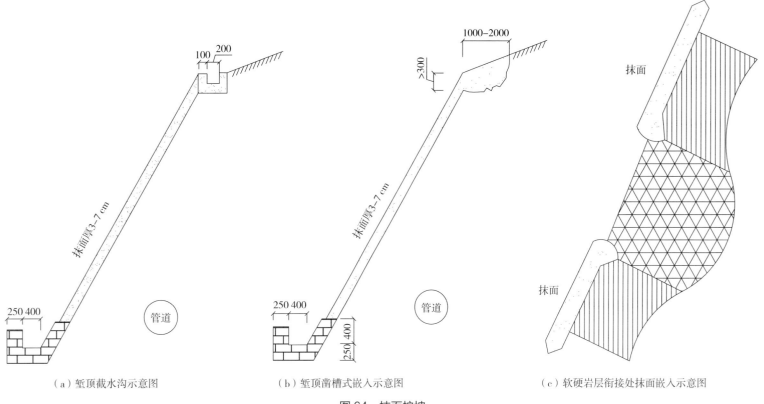

（a）埂顶截水沟示意图

（b）埂顶凿槽式嵌入示意图

（c）软硬岩层衔接处抹面嵌入示意图

图64　抹面护坡

混凝土预制块护坡

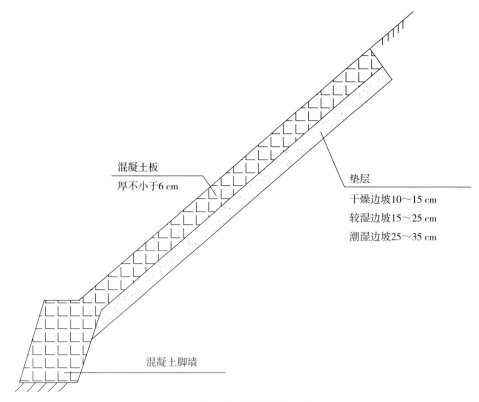

混凝土板
厚不小于6 cm

垫层
干燥边坡10～15 cm
较湿边坡15～25 cm
潮湿边坡25～35 cm

混凝土脚墙

图 65　混凝土预制块护坡示意图

生态袋坡面散流

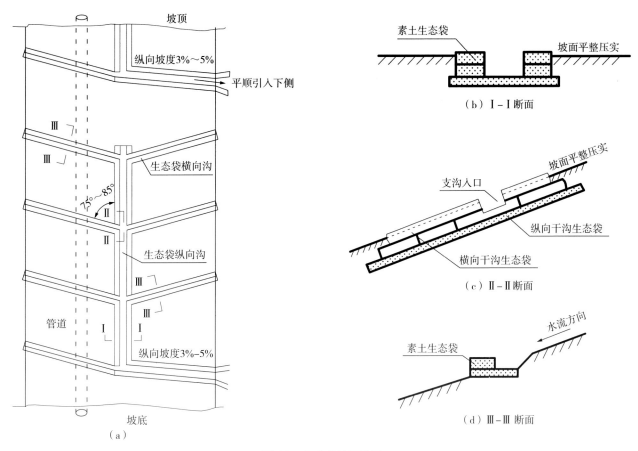

（a）

图 66　生态袋坡面散流

灰土干打垒

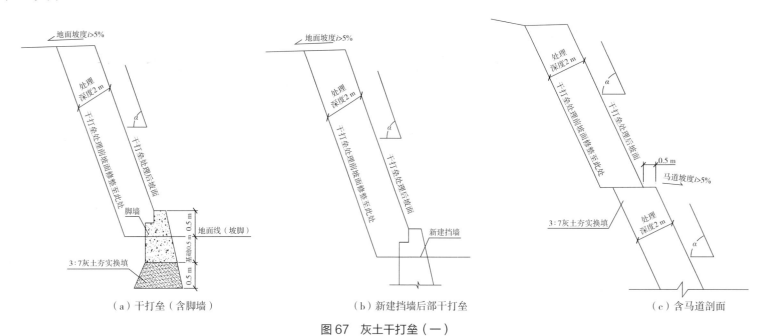

（a）干打垒（含脚墙）　　　　（b）新建挡墙后部干打垒　　　　（c）含马道剖面

图 67　灰土干打垒（一）

表 46　干打垒工程特性及工程数量表

项目名称	土方开挖	土方夯实	模板	三七灰土	草绳
单位	m^3	m^3	m^2	m^3	m
工程数量	1792	1792	896	1792	29740

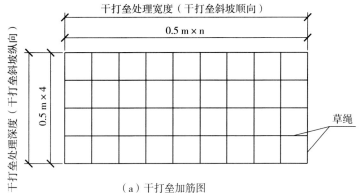

（a）干打垒加筋图

表 47　干打垒边埂外侧坡度 α

埂坎高度 H	模板 α
2 m 以下	75°～80°
2～4 m	70°～75°
4～6 m	65°～70°
6～8 m	60°～65°
8～12 m	55°～60°

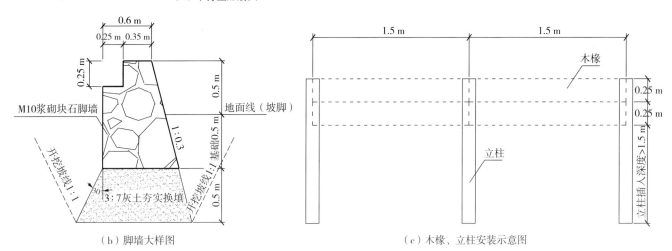

（b）脚墙大样图　　　　　　（c）木椽、立柱安装示意图

图 68　灰土干打垒（二）

沟埂式防护

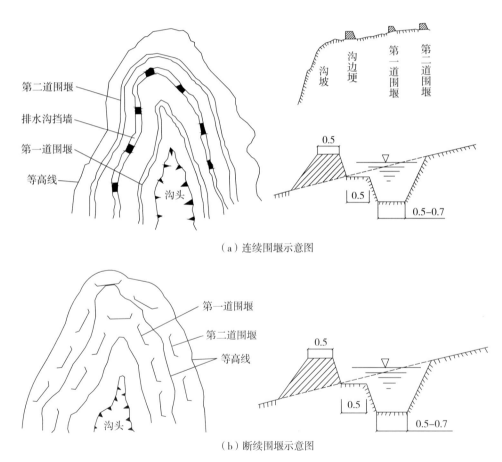

（a）连续围堰示意图

（b）断续围堰示意图

图 69　沟埂式防护

池埂结合式防护

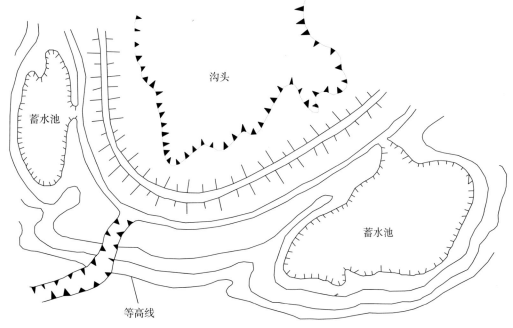

图 70　池埂结合式防护示意图

跌水组合

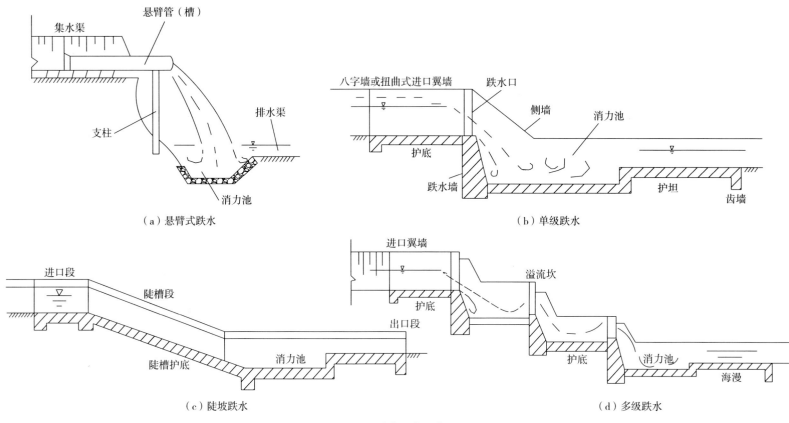

（a）悬臂式跌水

（b）单级跌水

（c）陡坡跌水

（d）多级跌水

图 71 跌水组合示意图

设计示例 1：混凝土挡墙 + 跌水组合

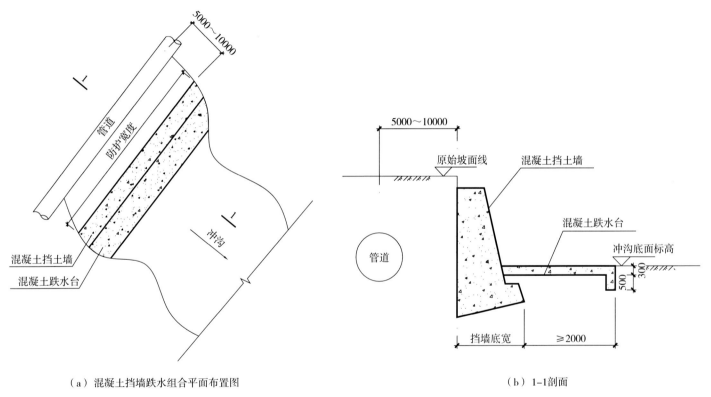

（a）混凝土挡墙跌水组合平面布置图

（b）1-1剖面

图 72　混凝土挡墙 + 跌水组合

设计示例 2：混凝土过水面 + 挡墙 + 跌水组合

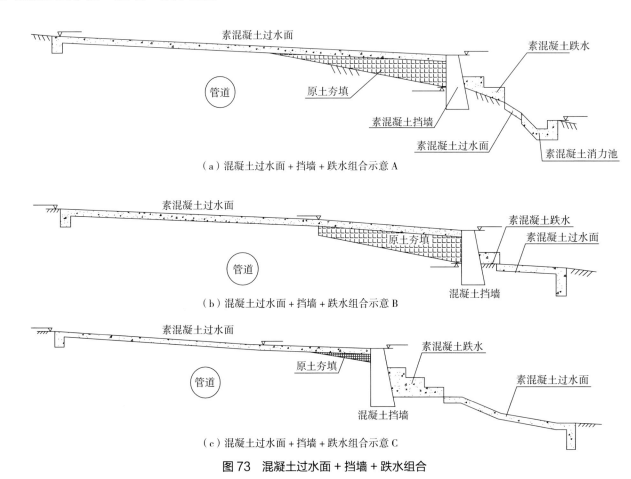

（a）混凝土过水面 + 挡墙 + 跌水组合示意 A

（b）混凝土过水面 + 挡墙 + 跌水组合示意 B

（c）混凝土过水面 + 挡墙 + 跌水组合示意 C

图 73　混凝土过水面 + 挡墙 + 跌水组合

设计示例 3：护岸挡墙 + 跌水 + 石笼护底组合

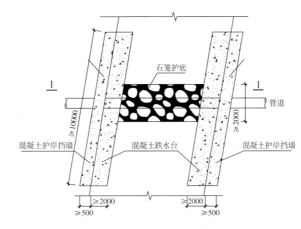

（a）护岸挡墙+跌水+石笼护底组合平面布置图

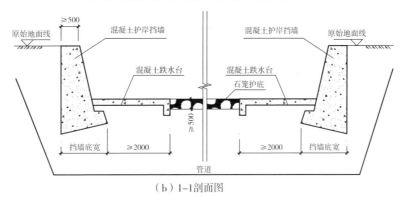

（b）1-1剖面图

图 74 护岸挡墙 + 跌水 + 石笼护底组合

坡面导流堤

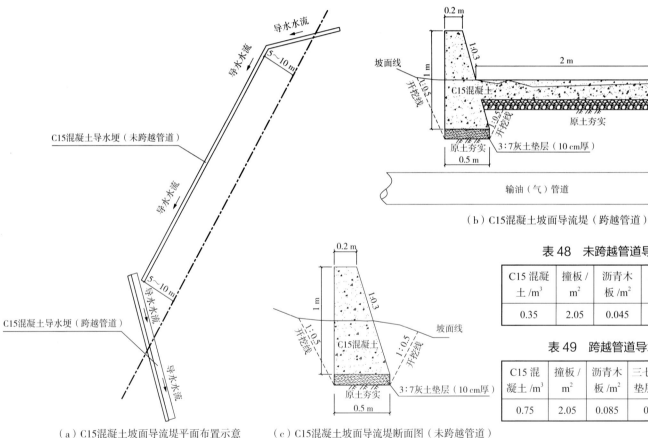

（b）C15混凝土坡面导流堤（跨越管道）

（a）C15混凝土坡面导流堤平面布置示意

（c）C15混凝土坡面导流堤断面图（未跨越管道）

图 75　坡面导流堤布置示意

表 48　未跨越管道导水埂每延米工程量表

C15 混凝土 /m³	撞板 /m²	沥青木板 /m²	三七灰土垫层 /m³	土方开挖 /m³	土方回堵 /m³
0.35	2.05	0.045	0.05	0.38	0.22

表 49　跨越管道导水埂每延米工程量表

C15 混凝土 /m³	撞板 /m²	沥青木板 /m²	三七灰土垫层 /m³	绊石垫层 /m³	土方开挖 /m³	土方回堵 /m³
0.75	2.05	0.085	0.05	0.2	0.99	0.22

草袋素土挡墙

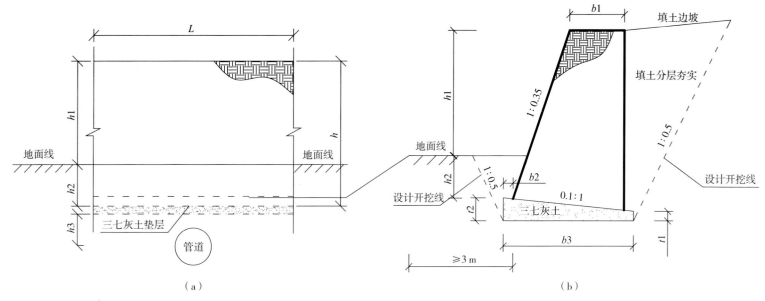

图 76 草袋素土挡墙

表 50　草袋挡土墙断面尺寸表（*L*=1 m）

墙身高度 $h1$/m	基础埋深 $h2$/m	$h3$/m	墙高 h/m	墙顶宽度 $b1$/m	墙底宽度 b/m	垫层加宽 $b2$/m	垫层宽度 $b3$/m	垫层高度 $t1$/m	垫层高度 $t2$/m	每米码砌/m³	草袋/条	灰土体积/m³
1.00	0.50	0.10	1.60	0.50	1.03	0.10	1.23	0.30	0.43	1.20	25	0.45
1.50	0.50	0.14	2.14	0.70	1.40	0.10	1.60	0.30	0.46	2.20	45	0.61
2.00	0.80	1.19	2.99	0.90	1.88	0.10	2.08	0.40	0.61	4.07	83	1.05
2.50	0.80	0.23	3.53	1.10	2.26	0.20	2.66	0.40	0.67	5.79	118	1.41
3.00	0.80	0.25	4.05	1.20	2.53	0.20	2.93	0.50	0.80	7.41	151	1.90
3.50	1.00	0.31	4.81	1.50	3.08	2.20	3.48	0.50	0.85	10.77	220	2.35
4.00	1.00	0.36	5.36	1.80	3.55	0.20	3.95	0.50	0.90	14.01	286	2.76

粒度改良

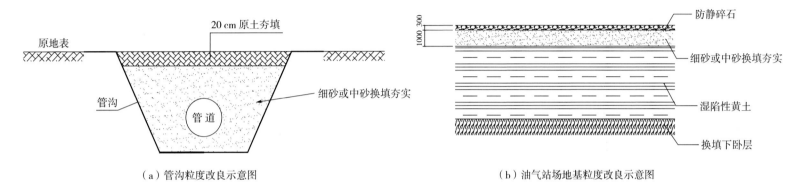

（a）管沟粒度改良示意图　　　　　　（b）油气站场地基粒度改良示意图

图 77　粒度改良示意图

表 51　粒度改良

黄土湿陷系数	黄土砂粒含量	粒度改良技术要求
<0.03	<15%	添加砂粒 15%，压实度达到 0.85 以上
	>15%	添加砂粒 10%，压实度达到 0.85 以上
0.03～0.05	<15%	添加砂粒 20%，压实度达到 0.90 以上
	>15%	添加砂粒 15%，压实度达到 0.90 以上
0.05～0.08	<15%	添加砂粒 25%～30%，压实度达到 0.95 以上
	>15%	添加砂粒 20%～25%，压实度达到 0.95 以上
>0.08 或含水量 >30%		不宜单独采用

胶结改良

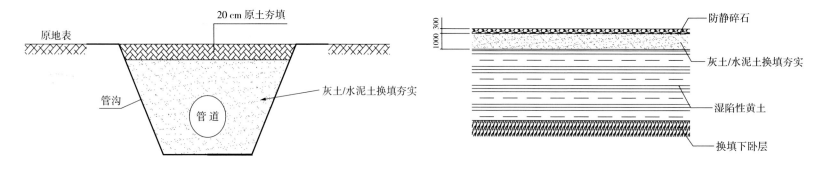

（a）管沟胶结改良示意图　　　　　　　　　　（b）油气站场地基胶结改良示意图

图 78　胶结改良示意图

表 52　灰土改良技术

黄土湿陷系数	灰土改良技术要求
<0.03	添加石灰 15%，压实度达到 0.85 以上
0.03～0.05	添加石灰 30%，压实度达到 0.90 以上
0.05～0.08	添加石灰 35%，压实度达到 0.95 以上
>0.08 或含水量 >30%	不宜单独采用

表 53　水泥土改良技术

黄土湿陷系数	水泥土改良技术要求
<0.03	添加 C20 以上水泥 5%～8%，压实度达到 0.85 以上
0.03～0.05	添加 C20 以上水泥 10%～15%，压实度达到 0.90 以上
>0.05	添加 C30 以上水泥 20%～25%，压实度达到 0.95 以上

生石灰桩挤密加固

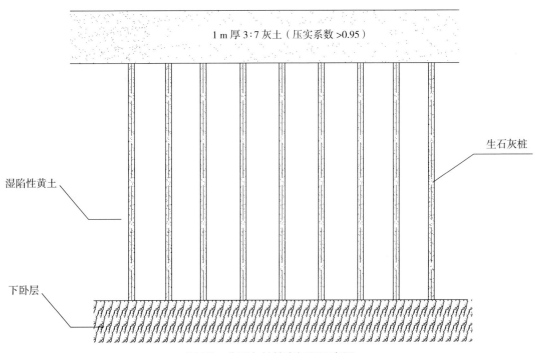

图 79　生石灰桩挤密加固示意图

碱液截水墙

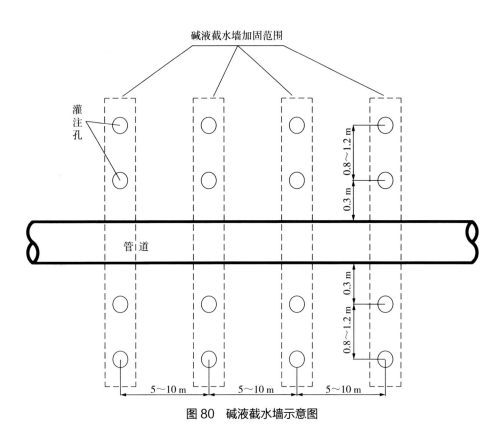

图 80　碱液截水墙示意图

黄土化学泥浆截水墙

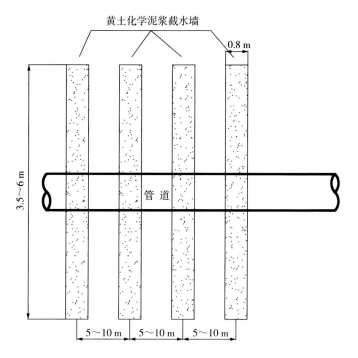

图 81 黄土化学泥浆截水墙示意图

表 54 推荐的黄土、水、水玻璃和腐殖酸钠质量分数

组分	配比试验组分 质量分数范围	推荐的组分 质量分数
黄土	80%～85%	83%
水	8%～13%	10%
水玻璃	3.5%～5%	4%
腐殖酸钠	2.5%～4%	3%

草袋素土管堤

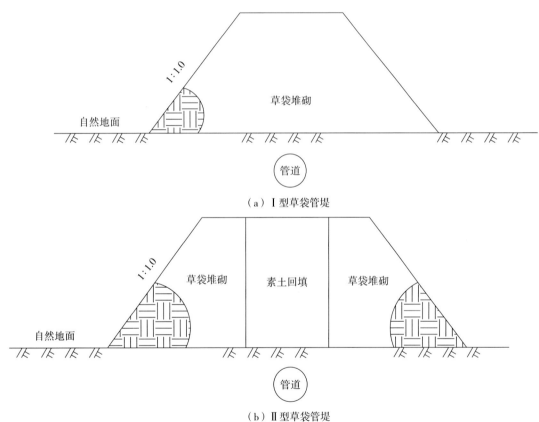

（a）Ⅰ型草袋管堤

（b）Ⅱ型草袋管堤

图 82　草袋管堤示意图

钢筋混凝土盖板

设计示例 1：地下式钢筋混凝土盖板

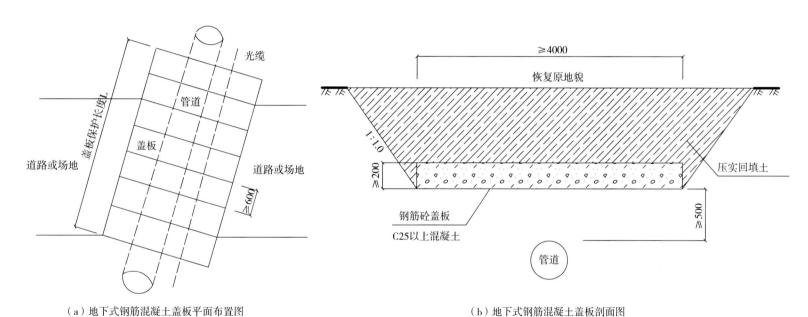

（a）地下式钢筋混凝土盖板平面布置图　　　　　　（b）地下式钢筋混凝土盖板剖面图

图 83　地下式钢筋混凝土盖板

设计示例 2：地表式钢筋混凝土盖板

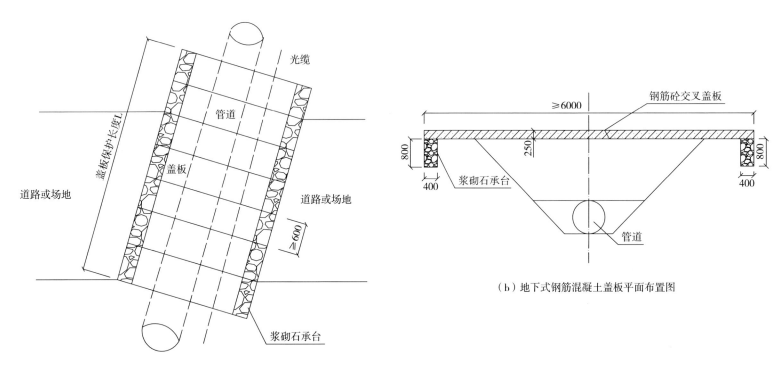

（a）地表式钢筋混凝土盖板平面布置图

（b）地下式钢筋混凝土盖板平面布置图

图 84 地表式钢筋混凝土盖板

钢筋混凝土 U 型盖板

设计示例 1：钢筋混凝土 U 型槽

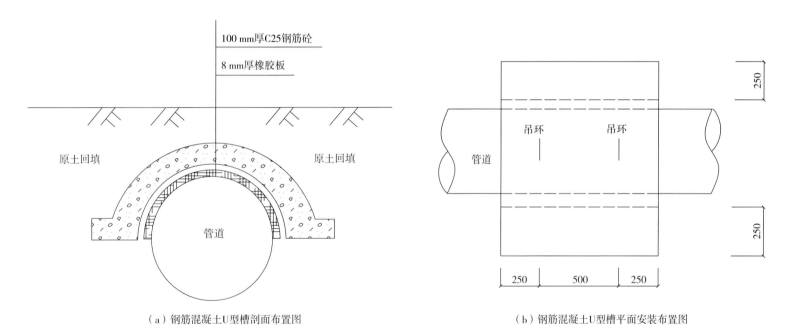

（a）钢筋混凝土U型槽剖面布置图　　　　　　　　（b）钢筋混凝土U型槽平面安装布置图

图 85　钢筋混凝土 U 型槽

设计示例 2：钢筋混凝土 U 型配重块

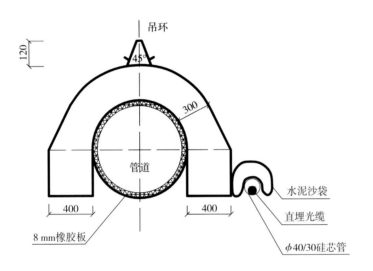

（a）钢筋混凝土 U 型配重块剖面布置图

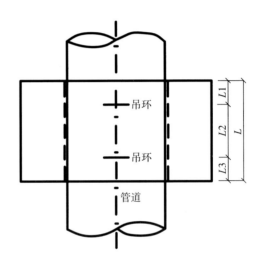

（b）钢筋混凝土 U 型配重块平面安装布置图

图 86　钢筋混凝土 U 型配重块

钢筋混凝土箱涵

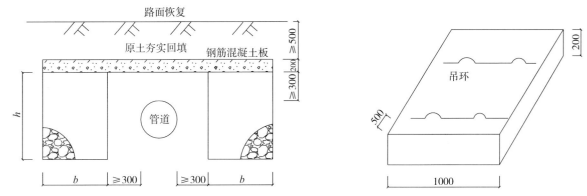

（a）钢筋混凝土箱涵1-浆砌石基础示意图

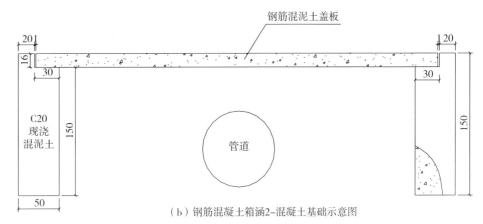

（b）钢筋混凝土箱涵2-混凝土基础示意图

图 87 钢筋混凝土箱涵

混凝土浇筑稳管

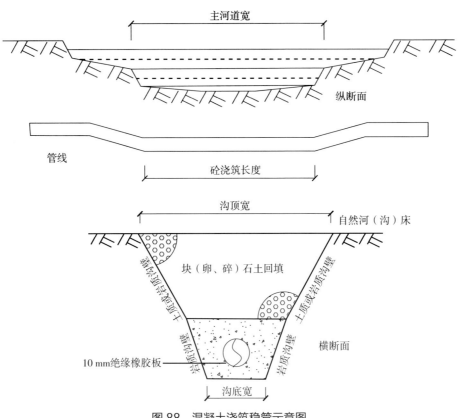

图 88　混凝土浇筑稳管示意图

水工挡墙涵洞

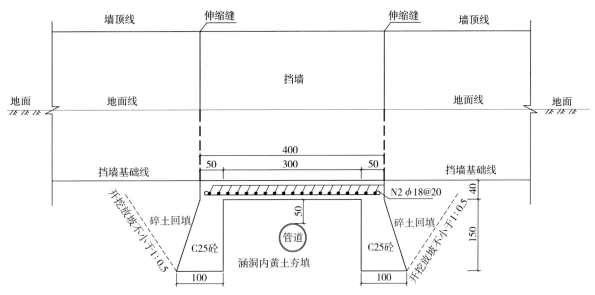

图 89　水工挡墙涵洞示意图

表 55　断面尺寸及工程量（*L*=4 m，*b*=1 m）

类别	编号	钢筋型号	根数 / 根	长度 /m	每米重 /kg	质量	合计
钢筋	N1	ϕ 16	20	1	1.58	31.60	72.60
	N2	ϕ 18	5	4.1	2.00	41.00	

注：C25 砼：3.85 m³；钢模板：7.0 m²；土方开挖：7.93 m³；碎（卵）石土回填：4.08 m³